ORCHIDEEN
für jeden

Jörn Pinske

ORCHIDEEN
für jeden

Pflanzenauswahl
Pflegepraxis

blv

Inhalt

Orchideen – eine ganz besondere Familie

▶ Pflegehinweise dienen häufig eher der Verunsicherung als der Klarheit. Orchideen wirklich nicht zum Verzehr? Nicht zu viel, aber auch nicht zu wenig Licht? Ja, was denn nun?

Man kann sie inzwischen fast überall kaufen, oft sogar gleich neben der Gemüseabteilung im Supermarkt: eingezwängt in Folientüten, dicht gedrängt im Container, leicht angeschlagen – aber es sind wirklich Orchideen. Daneben gibt es sie im Floristenfachgeschäft, hier dekorativ arrangiert im Glasgefäß, im Designerkübel, vielleicht gar mit bunten Bändern geschmückt. Und natürlich in der Orchideengärtnerei, dort zumeist als begehrtes, lang gesuchtes Sammlerobjekt und alles andere als preiswert. Orchideen sind heute also gleichzeitig Inbegriff »billiger« Massenware, kostbarer Schönheit und

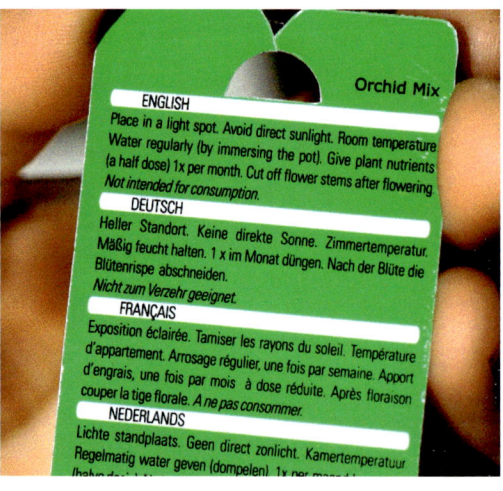

elitärer Sammlerleidenschaft. Nach wie vor freilich umgibt sie alle etwas Geheimnisvolles. Sind sie am Ende vielleicht doch »Schmarotzer«? Oder gar »Fleisch fressende Pflanzen«? Und sind sie in den Tropen eher selten? Auf all diese Fragen sollen hier Antworten gegeben werden, Antworten, die es jedem ermöglichen, Orchideen zu pflegen und sie trotz des Massenangebots als etwas ganz Besonderes zu schätzen!

Orchideengeschichte(n)

Seit 1588 der Heidelberger Botanikprofessor Tabernaemontanus (Jacob Diether) in seinem »Kreuterbuch« die erste amerikanische Orchidee *(Stelis)* beschrieb, sind Millionen von Pflanzen nach Europa gelangt; anfangs kamen sie ausschließlich aus der Neuen Welt, später auch aus Asien und Afrika. Beweggrund war nicht immer »botanisches« Interesse, vielfach war es auch Leidenschaft, ja mitunter Gier.

▶ Die Vielfalt der angebotenen Orchideen ist groß, nicht immer aber entspricht die Qualität den Erwartungen. Auch ohne Pflegefehler sind Misserfolge manchmal vorprogrammiert.

Ein Beispiel für echte Leidenschaft ist der berühmte, aus Bremen stammende Frederik Sander, der nach Wanderjahren in Deutschland, Belgien und England 1885 in St. Albans eine Gärtnerei gründete, die bald zu den weltweit größten Orchideenimportfirmen zählen sollte. Er selbst verließ Europa allerdings nie, sondern schickte Pflanzenjäger, darunter andere deutsche Gärtner, in alle Welt. Bis zu 23 Abenteurer sammelten gleichzeitig für Sander in den Urwäldern. Wobei »sammeln« oftmals nicht das richtige Wort ist. Denn um die hoch in den Bäumen wachsenden Orchideen zu »pflücken«, schlugen die Sammler die Bäume nicht selten einfach. Zu Tausenden fielen die Urwaldriesen diesem Raubbau zum Opfer. Einige philippinische Inseln wurden völlig geplündert; riesige Orchideensendungen verließen das Land. Doch wegen der damaligen Transportbedingungen kamen nur einige wenige Exemplare heil in Europa an; und von diesen wiederum starben fast alle in den (meist englischen) Gewächshäusern einen schnellen Tod, weil niemand so recht wusste, wie man sie pflegen sollte.

Auch die Sammler lebten nicht ungefährlich. Viele fanden in den Tropen ein frühes Ende oder kamen krank zurück. Einer von Sanders Orchideenjägern, Wilhelm Micholitz, schrieb seinem Chef aus dem Dschungel Vietnams: »Es ist schwer, hier etwas von den Bäumen herunterzukriegen, denn die Stämme sind voller roter Käfer, die ganz fürchterlich beißen.« Zu einer Versteigerung am 16. Oktober 1891 konnte er aber dennoch einige aparte Exemplare von *Dendrobium phalaenopsis* var. *schroederiana* aus Neuguinea liefern. Er hatte sie auf einem Bestattungsplatz der Eingeborenen entdeckt, und eine der Orchideen war noch mit einem Menschenschädel verwachsen, was der Auktion einen besonderen makabren Reiz verlieh. Bis heute kann man in Verbindung mit Orchideen

Abenteuerliches lesen. So titelte die *taz* im Juli 2003: »Keine Orchideen mehr für Yang Bin«. Der aus einer armen Nankinger Familie stammende Yang Bin hatte es schon in jungen Jahren zum zweitreichsten Chinesen gebracht – sein geschätztes Vermögen belief sich auf 900 Millionen US-Dollar. Angefangen hatte er 1989 in Holland mit 10 000 Dollar, die er in – offensichtlich sehr lukrative – Textilgeschäfte investierte. 1994 kehrte er mit 20 Millionen Dollar in seine Heimat zurück, wo er mit dem Export von Orchideen und Schnittblumen das Vermögen seiner Firma, der Euro-Asia-Gruppe, kräftig vermehrte. Um einen derartigen Reichtum anzuhäufen, musste er allerdings so manchen »Provinzfürsten« bestechen, was schließlich dazu führte, dass er nun zu 18 Jahren Gefängnis verurteilt wurde.

▲ Diese fantastische Orchideen-Abbildung, im Original handkoloriert, stammt aus dem wohl ersten deutschsprachigen (übersetzten) Orchideenpflegebuch von F. W. Burbridge von 1882. Abgebildet ist keine Zimmerorchidee, sondern die *Disa grandiflora* (bzw. *uniflora*) aus Südafrika. Wer diese Pflanzen mit Erfolg pflegen kann, hat es geschafft!

Allgemeines zu Lebensweise und Pflege

Die meisten Orchideen stammen aus wärmeren Gebieten der Erde, doch gibt es auch solche, die in unseren gemäßigten Breiten zu Hause sind. Dies sind so genannte Erdorchideen – Arten, die, genau wie unsere Stauden im Garten, ihre oberirdischen Teile in der winterlichen Ruhe verlieren.

Man möchte es nicht glauben, aber fast jede zehnte Blütenpflanze ist eine Orchidee. Wahrscheinlich gibt es mehr als 30 000 Arten! Dazu kommen die Züchtungen, inzwischen weit mehr, als es Arten in der Natur gibt. Die meisten unserer Zimmerorchideen sind solche Züchtungen und häufig leichter zu pflegen als die Ursprungsformen.

Orchideen sind »Überpflanzen«

Am 12. Oktober 1492 erreichte Christoph Kolumbus die Neue Welt. Er ging auf einer Insel der Bahamas an Land, die von den Einheimischen Guanahani genannt wurde, der er jedoch den Namen San Salvador gab (spanisch für »Heiliger Retter«). In seinem Tagebuch

notierte er am 16. Oktober: »Ich bemerkte zahlreiche Bäume, die von den unseren recht verschieden waren, darunter solche, wo auf ein und demselben Stamm verschiedenartige Zweige wuchsen, was ganz eigenartig anmutet.« Und kurz darauf heißt es: »... sodass auf ein und demselben Baume fünf oder sechs vollkommen verschiedene Arten zusammentreffen.« Kolumbus war somit der erste Europäer, der die Epiphyten beschrieb. Das Wort **Epiphyten** leitet sich her vom Griechischen epi = »über« und phytos = »Pflanze«, bedeutet wörtlich übersetzt also »Überpflanzen«; gebräuchlicher ist freilich der Ausdruck »Aufsitzer-« oder »Luftpflanzen«. Epiphyten mussten den Boden verlassen, weil sie dort von anderen Pflanzen verdrängt wurden, die schneller wuchsen. Nur so konnten sie ausreichend Licht zum Wachsen erhalten. Sie ernähren sich ausschließlich über Niederschläge und organische Ablagerungen. Man schätzt, dass rund 10 % aller landlebenden Pflanzen epiphytisch wachsen. Es sind Farne, Bromelien, Pfeffergewächse und andere, darunter aber eben auch 70 % aller Orchideen. Andere Orchideen jedoch blieben »bodenständig«. Der Botaniker sagt, sie wachsen terrestrisch, eine Ableitung von dem lateinischen Wort terra = »Erde«. (Die wohl bekanntesten Beispiele sind unser heimischer Frauenschuh und das Knabenkraut, beides nämlich auch Orchideen.)

Wieder andere Orchideen wachsen auf Felsen. Sie heißen **»lithophytisch«,** vom Griechischen lithos = »Felsen« und wiederum phytos = »Pflanze«.

Und dann gibt es unter den Orchideen tatsächlich so etwas wie »Schmarotzer«; auch diese haben natürlich einen wissenschaftlichen Namen: **Saprophyten,** von sapros = »in Fäulnis übergehend«. Freilich faulen sie aber keineswegs vor sich hin, sondern können lediglich keine grünen Blätter bilden. Sie ernähren sich von der Gemeinschaft mit Pilzen, etwas, was die übrigen Orchideen nur im Jugendstadium tun.

► Viele Orchideen, Farne und Bromelien, aber auch andere Pflanzen wachsen als »Aufsitzer«. Man tut diesen Epiphyten aber Unrecht, wenn man sie als Schmarotzer bezeichnet, sie suchen nur das Licht. Hier ein mit Epiphyten bewachsener Baum in einem Bergregenwald.

Was ist noch anders bei Orchideen?

Die Familie der Orchideen entstand vor etwa 120 Millionen Jahren. Sie ist damit eine relativ junge Pflanzenfamilie und hat noch keine fest gefügten Strukturen. Vielmehr werden unterschiedliche Überlebensstrategien ausprobiert, mit immer neuen Überraschungen für Botaniker. So entdeckte man erst kürzlich in Australien eine Orchidee, die genau denselben Duftstoff (Sexuallockstoff) entwickelt, den Wespenweibchen produzieren, um männliche Artgenossen anzulocken. Die Wespenmännchen folgen dem verführerischen Duft auf die Orchideenblüte, versuchen dort, mit der Blüte zu kopulieren, und bestäuben dabei die Pflanze. Diese Orchidee ist von einer einzigen Wespenart abhängig. Häufiger imitieren Orchideen Form und Farbe eines (weiblichen) Insekts, oder sie entwickeln Lockstoffe für mehrere Insektenarten. Bisweilen ist die Blüte (für den menschlichen Betrachter) eher unscheinbar, hält aber wochenlang. Andere Orchideen »protzen« mit Form, Größe und Farbe. Fast alle Orchideen sind auf die Bestäubung durch Tiere, meist Insekten, angewiesen. Eine große Rolle spielen auch Ameisen. Die Blüte ist in erster Linie die Werbefläche der Orchidee – und Stardesignerin Mutter Natur

So ein Schuh vom »Frauenschuh« ist eigentlich die »Lippe« der Orchidee. Eine raffinierte Falle. Der Ausgang für Insekten führt unweigerlich zum Pollen und zur Narbe und sichert die Bestäubung.

sparte nicht mit Farbe, Form und Duft. Mit diesen wird der »Kunde« (Insekten und Vögel) in die Blüte gelockt. Das kann auf Dauer freilich nur funktionieren, wenn sich im Angebot dann auch etwas Lohnendes finden lässt; in unserem Fall ist es meist Nektar, d.h. eine ebenso schmack- wie nahrhafte Zuckerlösung. Nun ist der Sinn des Lockangebots natürlich nicht eine »barmherzige Speisung«, sondern besteht darin, den eigenen Pollen (Blütenstaub) zu einer anderen Blüte bringen zu lassen. Orchideenpollen wird als »Paket« versandfertig an das besuchende Insekt geheftet und kann dann passgenau an der Blütennarbe des Empfängers abgeliefert werden. Landeplatz mit Wegweiser ist in der Regel die so genannte Lippe.
Je nach Bestäuber unterscheidet sich das Angebot der Orchideen: So kann süßer Duft am Tag Bienen locken oder bei Dunkelheit Nachtfalter, die es ebenfalls besonders süß lieben. Für Aasfliegen hingegen kann es gar nicht faulig genug stinken. Dazu kommt noch die Farbe. Für Bienen kann sie gelb oder blau, jedoch nicht rot sein, während Aasfliegen ein mattes Braun oder

Deutlich sichtbar: Saftmale auf der Lippe einer *Cattleya*, die dem Besucher den direkten Weg zum Nektar weisen. Die Saftmale sind häufig gelb gefärbt oder reflektieren UV-Licht, das viele Insekten als Farbe wahrnehmen können.

Purpur bevorzugen. Pflanzen, die Nachtfalter ansprechen wollen, blühen häufig weiß, denn nachts spielt die Farbe keine Rolle.

Auch die Form der Blüte ist angepasst: als Röhre, Schüssel – oder geniale Falle wie beim Frauenschuh. Hier wird ein Insekt angelockt, doch der scheinbar sichere Landeplatz am Schuh (die Lippe) entpuppt sich als »glatte« Falle. Das Insekt, das in den Schuh rutscht, hat entweder Pollen mitgebracht oder bekommt ihn nun »aufgeklebt«. Und der Weg zurück in die Freiheit führt unweigerlich an der Narbe vorbei – und zur nächsten Bestäubung!

Aufbau der Blüte

Aller Vielfalt zum Trotz besteht die Blüte einer Orchidee immer aus 3 Kronblättern (auch Petalen genannt) und 3 Kelchblättern (Sepalen). Diese sind immer so angeordnet, dass man eine Linie durch die Mitte der Blüte ziehen könnte und zwei spiegelgleiche Hälften erhielte. Doch das reicht den Botanikern noch nicht als Identifizierungsmerkmal. Erst wenn sich im Mittelpunkt der Blüte, am Ansatz der beiden Petalen und in Verlängerung des Fruchtknotens, ein länglicher herausragender fester Teil befindet, die so genannte Säule (Columna), sind sie sicher, dass es sich um eine Orchidee handelt. Von den Petalen ist übrigens immer eine anders geformt als die beiden übrigen. Man bezeichnet sie als

Lippe, die hinsichtlich Form, Farbe und Größe je nach Orchidee sehr unterschiedlich aussehen kann. Beim oben bereits genannten Frauenschuh etwa hat sie die Gestalt eines Pantoffels. Manchmal ist sie nur klein und unauffällig, dann wieder dominiert sie die Blüte. Häufig ist sie mit der Säule verwachsen. Neben unterschiedlicher Form und Farbe weist die Lippe manchmal fleischige Erhebungen oder Platten auf, die farblich abweichen, dunkler oder heller sind. Diese sind sozusagen die Hinweisschilder zum Nektar oder Pollen.

Da der Pollen ja nicht gefressen, sondern transportiert werden soll, wird Nektar so angeboten, dass der Pollen unbemerkt aufgeklebt wird, und zwar genau an der Stelle, wo sich beim Besuch der nächsten Blüte die Narbe befindet. Und weil die Narbe eine besonders klebrige Oberfläche hat, kann sie den Pollen festhalten.

Für die Praxis ist es wichtig zu wissen, dass sich die Pollen leicht ablösen und die Orchidee danach sehr schnell verblüht. Deshalb muss man beim Transport insbesondere von *Oncidium* und den »Cambrias« aufpassen, dass sich Pollen nicht lösen. Bei der Pflege spielt das Aussehen der Blüte keine Rolle; wichtig ist, die Orchidee überhaupt zur Blüte zu bringen. In der Natur blühen Orchideen zu der Zeit, zu der ihre Bestäuber unterwegs sind. Und das richtet sich nach Jahreszeit bzw. Temperatur und Niederschlag.

► Jede Orchideenblüte ist eigentlich anders, doch letztlich haben alle einen gemeinsamen Bauplan. Größe und Farbe können sich jedoch stark unterscheiden.

Fahne
(äußere Tepale)

Säule
(Columna)

Petale
(innere Tepal

Lippe
(Labellum)

Pollenkappe
(Antherenkappe)

Sepale
(äußere Tepale

Die Wurzeln

Bei epiphytischen Orchideen sind die Wurzeln zu so genannten Luftwurzeln umgebildet. Dabei kann man mehrere Typen unterscheiden: Wurzeln, die rein in die Luft streben, andere, die in das Substrat wachsen, und schließlich solche mit einer Doppelfunktion als Halte- und Versorgungsorgan. Die eigentliche Wurzel ist immer von einer schwammigen weißlichen Hülle, dem **Velamen,** umgeben. Dieses besteht aus abgestorbenen Luft führenden Zellen, die nunmehr wie ein Schwamm Wasser aufsaugen und speichern – nur so können Orchideen epiphytisch überleben. Bei den **terrestrischen Orchideen** (Geophyten) bildet sich nur vorübergehend ein Velamen; dafür gibt es später, dann als Erdwurzel, reichlich Wurzelhaare. Die Wurzelspitzen sind immer glatt und meist fleischig. **Luftwurzeln,** die bis zwei Drittel des Gesamtvolumens der Pflanze ausmachen können, sind zunächst glatt und rund, ihre Spitzen gelb oder grün, manchmal auch rötlich. Das Grün ist Chlorophyll (Blattgrün). Die grünen Wurzelspitzen richten sich nach dem Licht aus, sie benötigen Licht und Luft. Wärme im Wurzelbereich fördert das Wurzelwachstum. Kälte, auch Verdunstungskälte (z. B. im Tontopf bei zu viel Wasser), führt dazu, dass die Wurzeln ihr Wachstum einstellen oder sogar absterben. Erreichen die Luftwurzeln eine feste Unterlage, verändern sie sich und werden zu **Haftwurzeln.** Sie klammern sich so fest an ihre Unterlage, dass man sie nicht wieder unbeschädigt ablösen kann. Manche Orchideen bilden zusätzlich **Nestwurzeln** aus. Dies sind nach oben gerichtete Seitenwurzeln. In solchen »Nestern« sammeln sich pflanzliche und tierliche Reste (Laub u. a.), die sich dort zersetzen und als Nahrungsquelle dienen. Im Innern der Orchideenwurzel liegt das zentrale Versorgungssystem (Leitbündel), umgeben von einer dünnen Haut (Endodermis). Es folgen die Rinde mit einer verkorkenden Schicht (Exodermis) und schließlich das Velamen (Epidermis). Besondere Durchlasszellen in Rinde und Velamen übernehmen den Wassertransport mit darin

◀ Die Wurzeln der Orchideen verbinden sich fest mit der Unterlage. Sie sichern das Überleben bei Sturm und Regen.

gelösten Nährstoffen zum Versorgungssystem. Dieses zentrale System ist aber nicht nur für den Nährstoff- und Wassertransport verantwortlich, sondern wegen seiner Festigkeit (sogar noch im abgestorbenen Zustand) auch für den Halt der Pflanzen von Bedeutung. Die Bildung neuer Wurzeln zeigt den Vegetationsbeginn der Orchidee an. Die Sprosstriebe erscheinen erst später. Außerdem leben Orchideen, mindestens zeitweise, in Symbiose mit einem Pilz; man nennt dies auch **Mykorrhiza.** Ein Vorteil dieser Lebensgemeinschaft besteht darin, dass die extrem dünnen Pilzfäden das Substrat viel besser durchdringen als Wurzeln und damit einen besseren Zugang zu den spärlich vorhandenen Nährstoffionen haben. Orchideenwurzeln sind empfindlich und reagieren sofort auf ungünstige Pflegebedingungen: Zuerst stellen sie das Wachstum ein; ändert sich nichts, sterben sie ab. Reich bewurzelte Pflanzen sind das Ziel der Pflege.

◀ Die grüne Wurzelspitze zeigt an, dass die Luftwurzel gesund ist. Dahinter das meist graue »Velamen«, eine Saugschicht.

Bulben und Blätter

Sprossachse und Blätter bilden den Spross. Dieser kann entweder immer nach oben wachsen oder jedes Jahr zu Beginn der Wachstumszeit einen oder mehrere neue Triebe entwickeln. Man unterscheidet **monopodial (einsprossig)** und **sympodial (mehrsprossig)** wachsende Orchideen. Monopodiale haben eine senkrechte Sprossachse und wachsen ständig in eine Richtung weiter. Der untere Teil kann im Laufe der Jahre absterben. Am Spross, jeweils im Abstand der Sprossknoten (Internodien), werden meist zweizeilig angeordnete Blätter gebildet, in deren Achseln später Blüten entstehen können. Sympodial wachsende Orchideen besitzen einen waagrechten (kriechenden) Spross, aus dem sich die Triebe senkrecht emporstrecken.

Ein Beispiel für eine monopodial wachsende Orchidee – ohne Ruhezeit – ist die bekannte Falterorchidee (Phalaenopsis). Der Frauenschuh hingegen entwickelt sich sympodial. Teile vom Spross können als Reservelager verdicken (Scheinzwiebeln, Pseudobulben oder, wie der Gärtner einfach sagt, Bulben). Auf den Bulben befinden sich ein oder zwei Blätter und endständige (akranthe) oder seitenständige (pleuranthe) Blütentriebe. Alle Orchideen mit Bulben (Speicher) haben eine mehr oder weniger lange Ruhezeit.

Diese Ruhezeit ist von der Entwicklung abhängig und richtet sich nach den klimatischen Bedingungen des Herkunftsortes. Bei den Züchtungen hat sich der Rhythmus naturgemäß vollkommen verschoben. Aber immer gilt: Eine Orchidee, die nicht wächst, ruht. So logisch dies klingt – hier liegen die meisten Schwierigkeiten in der Pflege.

Die Blätter von Orchideen sind unterschiedlich geformt, manchmal weich, dann wieder fast sukkulent wie bei Kakteen. Grundsätzlich erfüllen sie jedoch sämtlich die Aufgaben aller anderen Blätter im Pflanzenreich.

Pflege nach der Herkunft

Einige Orchideen leben in den tropischen Küstengebieten Südamerikas, Asiens und Afrikas, im Kongo- und Amazonasbecken. Dort herrscht feuchtheißes Tropenklima, Temperaturen am Tag um 35 °C, mit geringer nächtlicher Abkühlung. In der Regenzeit gibt es nachmittags starke Gewitter, die Trockenzeit ist eher kurz. So leben die Orchideen einerseits nass, auch in der Nacht, andererseits am Tag durch die Sonne extrem trocken. Dass sie nachts nicht zu faulen beginnen, wird durch die Bewegung in der Luft verhindert – eine Maßnahme, die im Gewächshaus oder in einer Vitrine durch einen Ventilator imitiert werden sollte. Orchideen aus dieser Klimazone nennt man **Warmhausorchideen.** Mehr als 60 % aller Orchideen sind allerdings im **temperierten Bereich** zu Hause. Meist

▶ Die Speicherorgane (»Bulben«) können ganz unterschiedlich geformt sein. Meist sind sie zusätzlich von Hüllblättern umschlossen. Von links: Bulben von × Wilsonara, Coelogyne und Cattleya.

◀ Virusschaden an einer *Phalaenopsis*-Blüte.

Triebmitte (Herzblatt), sind sie meist verloren (Bild Seite 136). Verletzungen an Wurzeln und Blättern behandelt man mit Aktivkohle (aus der Apotheke); dadurch wird es Krankheits-keimen erschwert, in die Pflanze einzudringen ⑥–⑧. Immer häufiger treten Trauermücken ⑤ auf. Im Substrat ①–③ auf Luftdurchlässigkeit achten. Gefürchtet sind Viren ㊱ (siehe Foto oben), seltener Schnecken ㉚. Leider ist auch das Abwerfen der etwa erbsengroßen Knos-pen nicht selten ㉔. Schon beim Transport in

der Folientüte stellt sich manchmal Befall mit *Botrytis* ein ㉕, der Schaden wird jedoch erst zu Hause sichtbar. Das Welken einer *Phalae-nopsis* kann folgende Ursachen haben: zu viel Wasser, zu wenig Wasser, zu hohe Tempera-tur, verdichteter Pflanzstoff, Überdüngung, Schädlingsbefall, zu niedrige Temperatur, oder der Tag-Nacht-Temperaturunterschied ist zu groß. Werkzeuge (Scheren, Messer) für die Arbeiten an den Pflanzen müssen zwi-schendurch sterilisiert werden (Feuer oder bei 240 °C im Backofen), um Krankheitserre-ger nicht von einer Pflanze auf die nächste zu übertragen.

◀ Schildläuse an einer Blüte; häufiger finden sie sich jedoch an den Blättern.

12 Möglichkeiten in Hydro und SERAMIS®
Phalaenopsis sind gut für beide Kulturformen geeignet, da sie gleichmäßig warm und feucht gehalten werden. Warten Sie mit der Umstel-lung aber immer auf die Bildung des Herz-blattes. Bei Hydrokultur den Wasserstand nie über »Optimum« steigen lassen und nur flüssig, nicht mit Langzeitdüngern düngen.

* Die Ziffern im Kreis beziehen sich auf den Anhang Seite 135 ff.

Miltonia

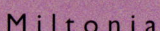

Miltonia – die Stiefmütterchen-Orchidee

Diese meist als Stiefmütterchen-Orchideen bekannten Pflanzen heißen eigentlich *Miltonia*. Dass sie manchmal *Miltoniopsis* genannt werden, liegt daran, dass die »Ururgroßeltern« der Kreuzungen inzwischen eine eigene kleine Gattung (mit 6 Arten) bilden und die erste Kreuzung 1889 aus dieser neuen (alten) Gattung stammt. 2003 belegten *Miltonia*-Züchtungen den 5. Platz unter allen angebotenen Orchideen – allein aus den Niederlanden kamen 1,2 Millionen Stück. Ob man eine *Miltonia* oder *Miltoniopsis* vor sich hat, ist leicht zu erkennen: *Miltonia* haben immer zweiblättrige Bulben, *Miltoniopsis* einblättrige. Züchtungen, die weiter Miltonia heißen, haben meist auch zweiblättrige Bulben. Alle stammen aus Südamerika. Die drei Arten, die in erster Linie als Vorfahren der modernen Hybriden gelten, stammen aus Kolumbien, Ecuador und Panama und leben dort im heißen und feuchten Flachland *(Miltoniopsis roezlii)*, im relativ kühlen, feuchten Nebelwald *(Miltoniopsis vexillaria)* oder im immer feuchten Tropenwald *(Miltoniopsis phalaenopsis)*. Das verbindende Wort in allen Fällen ist »feucht«: Feuchtigkeit, die in Form von Regen, Nebel oder Tau das ganze Jahr über verfügbar ist. Weitere Gattungen wie *Brassia* (Spinnenorchidee), die mit ca. 20 Arten im tropischen Amerika zu Hause ist, oder *Oncidium* werden jetzt häufiger mit Miltonien gekreuzt und als Miltassia oder Miltonidium angeboten. Ihre Pflege entspricht eher den Mehrgattungskreuzungen (siehe dort).

▼ **Miltonia** (bzw. *Miltoniopsis*) **Lycaena 'Stamperland'** wurde schon 1925 in England gezüchtet.

► **Miltonia Celle,** die erfolgreichste deutsche Züchtung nach dem 2. Weltkrieg. Sie hat von Celle aus ihren Weg in die ganze Welt gefunden.

► **Oncidium Sweet Sugar.** Hier kann man deutlich erkennen, dass die Blüten einem Insekt ähnlich sind – ein raffiniertes Täuschungsmanöver der Natur. Um die Fortpflanzung zu sichern, wird der Fortpflanzungstrieb des nachgeahmten Insekts ausgenutzt.

◄ × **Colmanara Wildcat,** mit den Eltern × *Odontonia* Rustic Bridge × *Odontocidium* Crowborough. Von dieser Sorte sind viele Varietäten im Handel. Sehr eindrucksvoll die Vielzahl der Blüten, aber es kommt auf jede einzelne an!

◄ **Odontoglossum Rawdon Jester,** eine Kreuzung, die *Rossioglossum grande,* der »Münchner-Kindl-Orchidee« sehr ähnlich ist. Allerdings nur in der Einzelblüte, die Rispen sind wesentlich größer. Eine Sensation auf jeder Fensterbank! Auch sie kann ruhig kühler gehalten werden.

Die richtige Pflege

▼ Zur guten Vorbereitung zählen die Auswahl der Gefäße (Töpfe, Körbe usw.), der Pflanzstoff, am Tag zuvor angefeuchtet, eine scharfe Schere, Bindematerial, Stäbe und Wasser. Bei gesunden Wurzeln (wie hier) nur die Wurzeln entfernen, die ohnehin nicht unbeschädigt oder geknickt im neuen Topf Platz finden würden. Nach dem Einpassen den Pflanzstoff vorsichtig einfüllen.

Temperatur, Licht & Luftfeuchtigkeit

Schwierige Namen, einfache Pflege: ziemlich hell bis halbschattig sollten sie stehen, bei normaler Zimmertemperatur, im Sommer möglichst nicht über 25 °C, jedoch immer mit einer Nachtabsenkung. Generell wollen sie vor direkter Sonne geschützt sein.

Auch hinsichtlich Luftfeuchtigkeit stellen Mehrgattungshybriden eigentlich keine besonderen Ansprüche, fühlen sich aber, wie alle Orchideen, erst ab etwa 40 % relative Feuchtigkeit richtig wohl. Fensterschalen und die Pflanzengemeinschaft sind auch bei ihnen wichtig. Obwohl es keine ausgesprochene Ruhezeit gibt, sollte man nach der Blüte immer nur gerade so viel Feuchtigkeit geben, dass die Bulben nicht schrumpfen. Dabei weniger Wasser möglichst immer in Verbindung mit niedrigerer Temperatur. Das Ende der Ruheperiode markiert der – oder die – neue/n Jahrestrieb/e.

Wie soll man gießen?

Mäßig feucht halten, ruhig ab und zu auch einmal tauchen, danach nur sprühen, keine Nässe! Und ausschließlich kalkarmes, temperiertes Wasser verwenden. Auch hier hat sich die Fingerprobe bewährt. Bei überwiegend torfhaltigen Pflanzstoffen heißt es besonders aufpassen. Solche Pflanzen sollten möglichst bald in strukturstabiles Substrat umgesetzt werden. Große, eher runde Bulben deuten auf eine längere Ruhephase. Flache Bulben, meist von *Miltoniopsis,* mögen es generell etwas feuchter (natürlich aber auch mit entsprechender Ruhezeit).

Lüften

Die gesamte Gruppe ist auf Frischluft angewiesen; man muss folglich auch im Winter lüften, dabei aber selbstredend kalten Luftzug direkt auf die Pflanzen vermeiden. Frostgefahr!

Düngen

Manchmal sind Pflanzen aus dieser Gruppe sehr groß, fast schon »mastig«. Die Gärtner brauchten mit Dünger nicht sparsam zu sein, zumindest nicht bei optimalen Bedingungen im Gewächshaus. Entsprechend wichtig ist die *langsame* Umstellung auf Zimmerverhältnisse. Die Pflanze muss »entwöhnt« werden. Zwar sollten auch Mehrgattungszüchtungen in der Wachstumszeit nur bei jeder 3. Gießgabe gedüngt werden. Direkt nach dem Kauf kann man jedoch zunächst – bei blühenden Pflanzen – ruhig mindestens wöchentlich einen Orchideendünger einsetzen. Nach der Blüte heißt es dann jedoch auf Normalmaß zurückschrauben. Insgesamt vertragen diese Pflanzen jedoch verhältnismäßig viel Dünger.

Umtopfen & Substrat

Mit dem neuen Trieb – jedoch nicht unbedingt im Winter – kann man umpflanzen. Der neue Topf soll Platz für 2 Jahrestriebe haben. Wird geteilt, setzt man nur 4–7 Bulben wieder ein, die übrigen kann man zu einer neuen Pflanze aufbauen. Auch Rückbulben lassen sich leicht zur Vermehrung nutzen. Hat man genügend Platz, sollte man die Orchidee nicht teilen – große Exemplare bringen mehr und größere Blüten. Vor dem Wiedereinsetzen werden beschädigte und kranke Wurzeln entfernt, der Austrieb bestimmt die Pflanzhöhe im Topf. Wählen Sie den Pflanzstoff (Substrat Typ A zum Selbermischen siehe Seite 24) nicht zu fein und drücken Sie ihn im Gefäß fest. Dränage wie üblich. Wurzellose Pflanzen werden mit einem Stab oder einem Haken fixiert; auf keinen Fall darf man sie lose auf dem Substrat halten oder gar zu tief pflanzen. Verwenden Sie flache Töpfe, auch Ampeltöpfe sind geeignet.

Weitere Orchideen der Gruppe

• *Oncidium,* artenreiche Gattung (ca. 600 Arten!), meist gelbe Blüte, meterlange oder kleinblütige kurze Rispen.

• *Odontoglossum* (200 Arten); vor allem *Odontoglossum bictoniense* und Kreuzungen sind nahezu ideale Zimmerpflanzen.

• Die nahe verwandte Gattung *Rossioglossum* enthält neben der bekannten Naturform *Rossioglossum grande* eine Hybride 'Walter Raleigh', die mit besonders eindrucksvollen Blüten besticht. Beide sind auf eine strenge Ruhezeit angewiesen, sonst gelangen sie nicht wieder zur Blüte.

Expertentipps

1 Tipps zum Kauf

In erster Linie gilt es auf pralle, gesunde Bulben zu achten und die Wurzeln zu inspizieren. Die Umstellung wird allgemein gut vertragen. Auch hier garantiert eine zu einem Drittel angeblühte Rispe die längste Blütezeit. Gerade bei Mehrgattungshybriden kann sich allerdings auch ein »Schnäppchenkauf« lohnen – häufig werden nämlich abgeblühte Pflanzen zu weniger als der Hälfte des ursprünglichen Kaufpreises angeboten. Sofern die Pflanze in gutem Allgemeinzustand ist, geht man damit kein Risiko ein, da alle Sorten schnell wieder zur Blüte kommen. Weil sich bei dieser Gruppe ebenso wie bei beiden *Oncidium* die Pollenkappe, also der Schutz der Pollen, schnell

lösen kann und die Blüte dann vorzeitig verblüht, sollte man nur Pflanzen mit unbeschädigten Blüten erwerben.

2 Kann man lange Rispen kürzen?

Bei vielen Mehrgattungshybriden (besonders bei *Oncidium*-Hybriden) befinden sich an einer Rispe kleinere, aber dafür viele Blüten. Sie treiben »unendlich« lange Blütenrispen. Wenn man meint, nun reicht es, kann man einfach die Spitze abzwicken – schon bald werden sich Seitentriebe entwickeln. Kleinere Formen kann man unaufgebunden wachsen lassen, großblumige Varianten müssen aufgebunden werden. Bambussplitstäbe, keinesfalls zu kräftig, können die Rispe stützen. (Bei Naturformen und Hybriden der ersten Generation ist ein Abstützen normalerweise nicht nötig.) Bast oder Bindedraht, wenigstens an zwei Punkten fixiert, leisten gute Dienste.

3 Problem Knospenfall

Neben den bekannten Umstellungsproblemen nach dem Kauf oder durch falsche Kulturbedingungen bzw. Standortwechsel führt eigentlich nur Lichtmangel zum Knospenfall. Die Entwicklung der Blüten kann sich in der lichtarmen Jahreszeit verzögern, ja sogar ganz zum Stillstand kommen. Das ist normal. Warum sollte eine Pflanze blühen, wenn keine Insekten unterwegs sind?

4 Wann blühen die Mehrgattungshybriden?

Das lässt sich nicht auf eine bestimmte Jahreszeit oder gar bestimmte Monate festlegen, wenngleich hauptsächlich die lichtreichen Monate als Blütezeit in Frage kommen. Gut kultivierte Exemplare können alle 8 Monate

eine Rispe oder auch zwei entwickeln. Dazu
können parallel mehrere Triebe und damit
Blüten ausreifen. In den Wintermonaten ist
die Entwicklungszeit deutlich länger als in der
lichtreichen Jahreszeit.

**5 Meine Cambria will einfach
nicht blühen!**

Bei gut entwickelten Jahrestrieben ist
meist Überdüngung oder zu viel Wärme
ohne Nachtabsenkung die Ursache. Die Pflanze fühlt sich einfach zu wohl! Entwickeln sich
die Jahrestriebe hingegen unzureichend,
werden immer kleiner und sind eher mickrig
(und mehr als 2 an einer Bulbe), kann man
von einem Wurzelschaden durch zu viel
Gießwasser ausgehen. Mit etwas Glück ist
es möglich, eine solche Orchidee durch früh-
zeitiges Umtopfen zu retten.

**6 Kann man Mehrgattungshybriden
aufbinden?**

Das Aufbinden ist grundsätzlich möglich, da
alle Vorfahren epiphytisch wachsen. Dennoch
sind die Voraussetzungen erst nach einer längeren Ein- bzw. Entwöhnungszeit gegeben
(siehe Düngung, Seite 61). Aufgebundene
Pflanzen sind genügsam, was man von den im
Handel kultivierten Mehrgattungshybriden
nicht immer sagen kann.

7

7 Ist ein Sommeraufenthalt im Freien möglich?

Von Juni bis August können die Pflanze auch draußen an einen schattigen Ort gestellt oder gehängt werden, am besten in einen Laub-, weniger geeignet in einen Nadelbaum. Bei längeren Regenperioden ist ein Schutz vor zu viel Nässe nötig. Größter Feind im Freien sind Schnecken, aber auch Ameisen, mit denen dann die Läuse kommen.

8 Was muss man im Gewächshaus beachten?

Für das temperierte Hobbygewächshaus sind alle Mehrgattungshybriden bestens geeignet. Sie lassen sich im Topf oder im Korb kultivieren. Da ihre Pflege ohnehin recht einfach ist, wird man im Gewächshaus erst recht keine Schwierigkeiten haben. In puncto Schädlinge sind im Haus weniger Spinnmilben als Woll- und Schildläuse zu befürchten. Besonders im Sommer muss ausreichend belüftet werden, im Winter sorgt ein Ventilator für Luftbewegung.

9 Kann man Pflanzgefäße für Orchideen selbst herstellen?

Natürlich kann man Körbchen aus Holz, Draht **9a** oder Kunststoff auch selbst fertigen, aber auch Gefäße, z. B. Körbe für Wasserpflanzen **9b** verwenden, die ja eigentlich anderen Aufgaben dienen sollten. So sind flache Azaleentöpfe für Orchideen besser als normale Tontöpfe. Wichtig ist nur, dass aus dem Material keine pflanzenschädigenden Stoffe austreten. (Zink etwa kann in Verbindung mit Düngersalzen giftig wirken, ebenso sind bei Holz natürlich alle Holzschutzmittel zu vermeiden.) Immer sollten die Proportionen gewahrt sein, also eher flache als hohe Gefäße wählen. Geeignet sind auch spezielle Orchideentöpfe aus Ton, die über genügend große Löcher verfügen. Man kann sie auch beim nächsten Töpferkurs selbst fertigen. Holzkörbchen aus Lärchenholz sind besonders harzhaltig und daher lange haltbar.

10 Schädlinge und Schadbilder*

Leicht vermeidbare Pflegefehler sind zu viel und hartes Wasser. Am Substrat erkennbare

9a

9b

Schadbilder ①–③ lassen sich ebenfalls umgehen. Auf Schild- und Wollläuse ㉘, ㉙ sowie Spinnmilben ㉝ sollte man immer ein Auge haben. Pilzkrankheiten und Bakterien ⑥–⑧ sowie Trauermücken ⑤ bilden eine echte Gefahr. Rechtzeitiges Erkennen und Bekämpfen ist die wichtigste Maßnahme. Virenbefall ㊱ ist eher selten, und Schnecken ㉚ werden eigentlich nur im Freien zu einer Plage. Probleme bei der Knospenentwicklung sind fast immer durch Pflegefehler bedingt; selten treten sie auch durch Standortwechsel oder nach dem Kauf auf.

11 Möglichkeiten in Hydro und SERAMIS®

Mehrgattungshybriden sind sowohl in Hydrokultur als auch in SERAMIS® zu pflegen. Neben dem richtigen Zeitpunkt der Umstellung kommt es auf die Einhaltung der Ruhezeit an. Dabei können die Pflanzen zeitweise vollständig trocken gehalten werden. Blähton und SERAMIS® halten die lebensnotwendige Feuchtigkeit noch über 2–3 Wochen. Bei SERAMIS® nur Töpfe mit gutem Wasserabzug verwenden und auf eine Dränageschicht stellen, damit überschüssiges Wasser immer ablaufen kann. Im Winter etwas vorsichtiger (sprich: kleinere Mengen) gießen. Düngen wie in Erdkultur üblich. Auf jeden Fall einen Flüssigdünger verwenden.

---

* Die Ziffern im Kreis beziehen sich auf den Anhang Seite 135 ff.

Cattleya

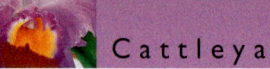

Cattleya – tropische Schönheit

1824 erhielt der Engländer William Cattley (daher der Name der Gattung) eine Pflanzensendung aus Südamerika, der als Verpackungsmaterial längliche Pflanzenstücke beigefügt waren. Wie man heute weiß, handelte es sich dabei um Bulben der *Cattleya labiata,* die aus reiner Neugier weiter gepflegt wurden – und schon im nächsten Jahr ihre spektakulären Blüten zeigten! Mit dieser ersten Blüte lösten sie in Europa einen Orchideenrausch aus, der bis heute anhält. Rund 30 Arten zählen zu der in Süd- und Mittelamerika heimischen Gattung, die sich leicht mit anderen Gattungen kreuzen lässt. Die daraus resultierenden Pflanzen heißen etwa × *Laeliocattleya* (= *Cattleya* × *Laelia*) oder × Epicattleya (= *Cattleya* × *Epidendrum;* siehe auch Liste Seite 28/29).

► Eine typische × *Brassocattleya* ist × **Brassocattleya Pastorale,** erkennbar an der gefransten Lippe von *Brassavola.* Manche Vertreter dieser Gattung werden heute als *Rhyncholaelia* bezeichnet, darunter auch die häufig gekreuzte Art *Brassavola* bzw. *Rhyncholaelia digbyana.* Typisch für sie ist der liebliche Duft.

◀ × *Laeliocattleya* **Gold Digger,** eine leicht wachsende Mini-Cattleya mit Blütezeit im Frühjahr, die fast immer mehrblütig ist! Man muss schon einiges falsch machen, um mit dieser Pflanze keinen Erfolg zu haben.

◀ × *Laeliocattleya* **Thai Glow,** mit mittelgroßen, sehr festen und lange haltbaren Blüten. Benötigt wird ein heller, temperierter, warmer Standort. Die Pflanzen wachsen leicht und blühen zuverlässig.

▲ × *Otaara* **Hwa Yuan Bay** – noch einmal ein neuer Gattungsname, diesmal aus vier Gattungen zusammengesetzt, *Brassavola* × *Broughtonia* × *Cattleya* × *Laelia*. Ganz schön kompliziert für solch eine schöne Pflanze.

▶ × *Brassocattleya* **Binosa 'Wabush Valley'** AM/AOS. Die Bezeichnung AM/AOS zeigt an, dass diese Pflanze eine Auszeichnung erhalten hat, in diesem Fall ein »Award of Merit« (AM), für Züchter sozusagen eine Goldmedaille. »AOS« bedeutet »American Orchid Society«. Standort: eher warm und hell.

Die Gattung *Cattleya* kann man in zwei Gruppen unterteilen, die jedoch die gleichen Pflegeanforderungen stellen: die **einblättrigen** und die **zweiblättrigen** (damit ist die Zahl der Blätter auf einer Bulbe gemeint.) Neben den besonders großen Blüten von *Cattleya labiata* oder *Cattleya mossiae* (bis 17 cm Durchmesser!) gibt es auch klein- und mehrblütige Arten. Meist allerdings wird die gesamte Pflanze recht groß, bei *Cattleya guttata* immerhin bis 150 cm, plus Blütenstiel mit noch einmal bis 30 cm. Leider sind die großblütigen *Cattleya* nicht lange haltbar. Die Züchtung ging daher dahin, durch Einkreuzung einblütiger Gattungen die Lebensdauer der Blüten zu verlängern. Grundsätzlich sind Cattleyen leicht zu pflegen, wenngleich manche die »warmen« Räume unserer Wohnungen nicht mögen. Durch Kreuzungen mit anderen Gattungen und warm wachsenden Arten sind allerdings richtige »Zimmercattleyen« entstanden.

► × *Sophrolaeliocattleya* **Mahalo Jack**. Hier erkennt man noch die Elternart *Cattleya walkeriana*, die aus Brasilien stammt. Gar nicht so kleine Blüten an einer relativ »kleinen« Pflanze.

► Bei × *Epicattleya* **Plicboa** sind noch deutlich die typische Blütenform und der lange Blütenstiel von *Epidendrum* erkennbar. Zuverlässig in der Blüte, sehr robust, verträgt viel Licht.

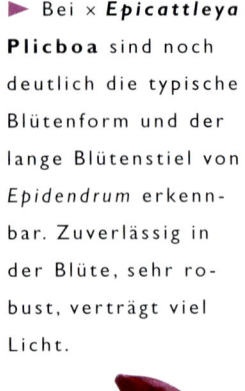

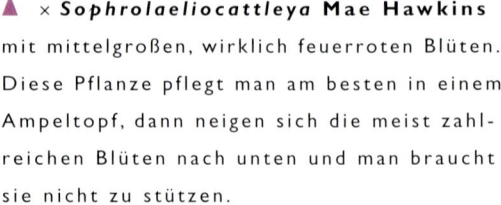

▲ × *Sophrolaeliocattleya* **Mae Hawkins** mit mittelgroßen, wirklich feuerroten Blüten. Diese Pflanze pflegt man am besten in einem Ampeltopf, dann neigen sich die meist zahlreichen Blüten nach unten und man braucht sie nicht zu stützen.

◀ × *Epilaeliocatt-leya* Don Herman, eine Kreuzung von *Laeliocattleya* Gold Digger × *Epidendrum stanfordianum*. Wieder eine Sorte mit *Epidendrum* unter den Vorfahren, deren Einfluss aber nicht mehr deutlich sichtbar ist, allenfalls in der Form der Lippe.

◀ × *Potinara* **Burana Beauty,** eine Orchidee mit zitronigem Duft. Eigentlich ist die Blüte allein schon schön genug, der starke, liebliche Duft jedoch macht sie zu einem Edelstein.

▶ × *Brassolaeliocattleya* **Golden Mul** mit zwar etwas kleineren Blüten, die jedoch durch intensive Farbe und besonders lange Haltbarkeit bestechen. Außerdem verträgt sie mehr Licht als andere Cattleyen.

Die richtige Pflege

Temperatur, Licht & Luftfeuchtigkeit

Cattleyen lieben es halbschattig bis hell. Sofern man sie (langsam) daran gewöhnt, vertragen sie auch starke Sonne. Trotz der fast sukkulenten Blätter können sie bei starkem Lichteinfall und Wärme besonders hinter Glas freilich leicht verbrennen.

Was die Temperatur angeht, wollen sie es am Tag zimmerwarm, nachts mit einer deutlichen Temperaturabsenkung (mindestens 5 °C). Sie brauchen ständige leichte Luftbewegung, jedoch keine sonderlich hohe relative Luftfeuchte (ca. 40 % sind optimal). Zwar muss man sie weniger häufig übersprühen als z. B. *Phalaenopsis,*

▼ In jeder Orchideenausstellung sind Cattleyen die am meisten bewunderten Pflanzen. Eigentlich sind sie Sinnbild der tropischen Orchideen überhaupt. Allerdings muss man die relativ kurze Blütezeit akzeptieren.

im Sommer im Zimmer oder bei trockner Heizungsluft ist es aber dennoch notwendig.

Da ohne Ruhezeit keine Blüte, muss man auch *Cattleya* unbedingt am Wachstumsende eine Ruhezeit gönnen.

Wie soll man gießen?

Das Substrat muss vor dem nächsten Gießen oder Tauchen (nach Möglichkeit Regen- oder kalkfreies Wasser verwenden) völlig abtrocknen; danach jeweils reichlich gießen – und wieder warten. Das kann in der Ruhezeit schon einmal 2 bis 3 Wochen dauern. Überschüssiges Gießwasser muss aus dem Untersetzer / Übertopf entfernt werden.

Lüften

Cattleya benötigen viel Frischluft, denn an vielen Standorten wachsen sie in großer Höhe in den Baumkronen. Auch in der Ruhezeit muss für ausreichend Frischluft gesorgt werden. Andererseits sind sie ziemlich unempfindlich gegen Zugluft, sofern diese nicht zu kalt ist.

Düngen

Als Epi- oder Lithophyten sind diese Pflanzen nicht gerade mit Nährstoffen verwöhnt, aber schon aufgrund der teilweise stattlichen Größe und Vielzahl der Blüten geht es nicht ohne Düngen. Trotzdem darf man sich bei *Cattleya* nicht täuschen: Sie kommen mit Mangel besser zurecht als mit Überschuss. Entscheidend ist immer der individuelle Zustand der Pflanze. Ruhezeiten und Wachstumszyklen sind genauso maßgebend wie Licht und Wasserqualität. Bei gesunden Pflanzen wird mit dem Beginn des neuen Triebes gedüngt. Wer keinen fertigen Orchideendünger verwenden will, kann seinen

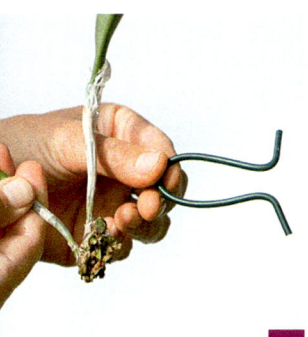

Dünger selber mischen: bei Wachstumsbeginn N:P:K im Verhältnis 3:2:2 plus Spurennährstoffe. Im Wachstum dann N:P:K im Verhältnis 2:3:3 plus Spurennährstoffe. Dosierung und Häufigkeit immer an das Wachstum anpassen. Bei zu hoher Konzentration kommt es schnell zu Wurzelschädigung, oder es passiert, dass der Neutrieb stecken bleibt, schwarz wird und abstirbt (natürlich können auch andere Ursachen den Neutrieb verhindern).

Umtopfen & Substrat

Mit dem Neutrieb kann – wenn nötig – umgetopft werden. Schon vor dem Trieb bilden sich deutlich sichtbar die neuen Wurzeln. Der Wur-

zelansatz indiziert die richtige Pflanzhöhe im Gefäß. Vor dem Einsetzen alle beschädigten, vor allem aber alle faulen, braunen und nassen Wurzeln entfernen. Da im Gefäß mindestens noch 2 neue Triebe Platz finden sollen, sind wegen der recht langen Rhizome einiger Cattleyen manchmal recht große Töpfe nötig. Deshalb bieten sich flache Gefäße, Körbe oder Ampeltöpfe an: So wird die Substratmenge reduziert, und die Pflanzen können auch einmal austrocknen. *Cattleya,* die geteilt werden sollen, müssen mindestens 8 Bulben und möglichst 2 neue Leittriebe aufweisen. Bei wurzellosen Exemplaren muss man den letzten Trieb mit einem Stab oder einem Haken als Ersatzwurzel stützen (siehe Bilder **1** – **4**). Den Topf bis zum Einwurzeln möglichst nicht bewegen.
Eine Vermehrung ist über **Rückbulben** leicht möglich. Dabei sollte man bei den Rückbulben losen Bast entfernen oder zumindest kontrollieren, da sich hier gern Schädlinge verbergen. Cattleyen benötigen ein sehr grobes Substrat (Substrat Typ A zum Selbermischen siehe Seite 24); bei Fertigerden sucht man grobe Bestandteile aus. Das Substrat muss besonders strukturstabil sein und auch bleiben. Unbedingt nur hochwertige Substrate verwenden. Ein hoher Rindenanteil verbessert zunächst die Struktur, bleibt aber nur für eine Saison erhalten. Besser weil stabiler sind Kokoschips.

▲ Mit Rückbulben kann man Cattleyen leicht vermehren. Hier dient ein Draht als Wurzelersatz. Nach etwa 3 Monaten entwickelt sich ein neuer Trieb unter der Folie (Bild **6** und unten links). Dann die Folie entfernen und nach ausreichender Wurzelbildung in normales Substrat umpflanzen.

◄ Mit dem neuen Trieb kommen auch die frischen Wurzeln (rechts).

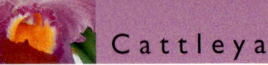
Expertentipps

I Tipps zum Kauf

Da Cattleyen sehr langsam wachsen und meist schon 5 Jahre oder älter sind, wenn sie erstmals zur Blüte kommen, sind sie im Vergleich mit etwa *Phalaenopsis* sehr teuer. Daher ist es besonders wichtig, beim Kauf auf einen guten Allgemeinzustand zu achten. Am besten erwirbt man entweder Pflanzen mit

»kleinen« Knospen oder voll erblühte. Sich gerade öffnende Blüten vertragen die Umstellung und den Transportstress häufig schlecht. Wegen des fortgeschrittenen Alters der Pflanzen ist es normal, wenn Blätter oder / und Bulben Blattschäden, trockene Flecken usw. aufweisen. Auch alte Triebe dürfen leicht schrumpfen. Wichtig ist, dass die letzten zwei Triebe einwandfrei sind.

Achten Sie auf Schädlinge, besonders unter der Bastschicht an der Bulbe Ia. Und kaufen Sie keine Pflanzen mit gefransten oder verformten Blüten (oft sind auch im Blatt längs gestrichelte Flecken zu erkennen), weil dann Verdacht auf Virusbefall besteht.

2 Wann blühen eigentlich Cattleyen?

Je nach Sorte, Art und Gattung können Cattleyen mitten in der Ruhezeit blühen, ohne gleich einen neuen Trieb zu bilden. Die Blütenstände werden unmittelbar mit dem Neutrieb direkt nach Abschluss des Jahrestriebes sowie zu allen anderen Zeiten gebildet. Der Grund für diese »Flexibilität« der Pflanze liegt offenbar in der Abhängigkeit von den bestäubenden Insekten. Cattleyen zeigen hier eine Abweichung von der Regel – üblicherweise wird bei Orchideen erst der Trieb, dann die Blüte gebildet. Solche Abweichungen findet man übrigens auch bei anderen Gattungen.

3 Warum blüht meine *Cattleya* nicht?

Häufigste Ursache dafür sind nicht ausgereifte Triebe. Der neue Trieb muss mindestens so groß sein wie sein Vorgänger. Ruhezeit unbedingt einhalten!

TIPP **Geburtshilfe leisten**
Die eigentlichen Knospen werden durch eine Blütenscheide geschützt, die im Laufe der Zeit vollständig eintrocknen kann. Das ist normal, solange die Knospe selbst grün bleibt. Hält man die Scheide gegen das Licht, kann man die Knospen darin meist deutlich erkennen. Leider wird die Blütenscheide im Zimmer manchmal sehr fest und hart. Dann kann die Knospe unter Umständen sogar stecken bleiben. In diesem Fall ist es wichtig, die Scheide vorsichtig aufzuschneiden. Dabei darf man natürlich die Knospe nicht beschädigen.

8

4 **Problem Knospenfall**

Neben dem oben beschrieben »Steckenbleiben« der Knospen kommt es vor, dass Knospen abgestoßen werden. Auch hier sind natürlich in erster Linie vermeidbare Pflegefehler die Ursache, zumeist Rauch (Ethylen) und kalte Zugluft.

5 **Soll man Cattleyen mit anderen Zimmerpflanzen zusammen halten?**

Selbstverständlich leben auch *Cattleya* lieber in einer Pflanzengemeinschaft; allerdings sollten die Nachbarn ebenso sonnenhungrig sein. Gut vertragen sie sich etwa mit Gliederkakteen und anderen Sukkulenten.

6 **Ist ein Sommeraufenthalt im Freien möglich?**

Im Sommer können Cattleyen an einem regengeschützten Platz im Garten stehen. Bei Temperaturen unter 12 °C muss man sie allerdings wieder ins Haus holen. Draußen ist auf Ameisen und v. a. Schnecken zu achten, die besonders die weichen Knospen und später die Blüten als Leckerbissen ansehen.

In der Natur schützen sich einige Cattleyen durch Ameisen vor anderen Schädlingen. Vor der Blüte werden zuckerhaltige Tropfen an der Knospe gebildet, sozusagen als Lohn für den Wachdienst. In Kultur – ohne Ameisen – können sich Pilze (Rußtau) auf diesen Tropfen ansiedeln. In der Regel sind sie aber ohne Folgen für die Blütenentwicklung.

7 **Muss man *Cattleya*-Blüten stützen?**

Das Aufbinden, genauer gesagt Stützen der Blüten ist eigentlich nur bei sehr großblütigen Sorten und bei mehr als 3 Blüten notwendig. Manchmal bietet es sich an, die Rispe über die Blätter zu heben, um sie so besser bewundern zu können.

8 **Kann man Cattleyen aufbinden?**

Cattleyen sind aufgebunden sogar besonders erfolgreich zu kultivieren. Voraussetzung ist allerdings eine relative Luftfeuchte nicht unter 50 %. Das Aufbinden erfolgt mit Bildung des Jahrestriebes; man muss die Pflanze sehr fest anbinden, mit nur wenig Substrat als Unterlage.

9 **Was muss man im Gewächshaus beachten?**

Auch im Gewächshaus gehören Cattleyen zu den eindrucksvollsten Orchideen. Ihre Umgebung muss hell und luftreich sein. Zu Zeiten, in denen nicht gelüftet wird, ist ein durchgehend betriebener Ventilator absolutes Muss. In einem Haus mit vielen Pflanzen aus verschieden Gattungen erhalten Cattleyen den hellsten Platz – am besten aufgebunden oder im dekorativen Holzkorb. Schattiert wird nur von Anfang Mai bis Ende August. Die Luftfeuchtigkeit im Gewächshaus muss nur in der Wachstumszeit relativ hoch sein.

10 **Schädlinge und Schadbilder***

Steigender Salzgehalt durch sich zersetzendes Substrat oder durch hartes Gießwasser, Überdüngung und / oder Staunässe führt zur Wurzelschädigung und zum Verlust des Neutriebs, bei längerem Anhalten sogar zum Totalverlust ①–③. Beteiligt sind dann natürlich auch Pilze und Bakterien ⑥–⑧. Woll- und Schildläuse ㉙, ㉘ können sich vor allem unter der Bastschicht an der Bulbe und an den Blütenscheiden massenhaft ausbreiten; laufende Kontrolle ist deshalb wichtig ⑪. Gefürchtet sind Viren ㊱ **10a** . Sie sind nur vom Fachmann zu erkennen, bei Verdacht sollte die Pflanze aber sofort isoliert werden. Arbei-

ten Sie immer mit desinfiziertem Werkzeug (Flamme). Schnecken ㉚ **10b** , vor allem Nacktschnecken, haben es im Freiland und im Gewächshaus auf die zarten Blüten abgesehen. Bei gefährdeten Cattleyen kann man vorbeugend einen trockenen Wattestreifen um die Rispe legen, oder Gurkenscheiben zum *Anlockern* auslegen, das hält die Tiere ab. Befall mit *Botrytis* ㉕ kann bei hoher Luftfeuchtigkeit im Herbst oder Winter zum Problem werden.

11 **Möglichkeiten in Hydro und SERAMIS®**

Vor allem die lithophytischen Cattleyen sollten sich in Hydro und SERAMIS® wohl fühlen – sofern man sie wie in Substratkultur behandelt. Neben der Ruhezeit, die streng einzuhalten ist, muss man die Gießintervalle dem Substrat anpassen. In Hydrokultur nach dem Auffüllen bis »Optimum« die Pflanze unbedingt immer wieder vollständig abtrocknen lassen. Bei SERAMIS® lässt man den Anzeiger entsprechend lange auf »trocken« (rot). Die Umstellung erfolgt natürlich auch bei *Cattleya* immer nur mit dem neuen Trieb. Bei SERAMIS® wird nur der alte Pflanzstoff entfernt, der sich ohne Kraftaufwand abschütteln lässt, bei Hydro wäscht man sämtlichen Pflanzstoff aus.

* Die Ziffern im Kreis beziehen sich auf den Anhang Seite 135 ff.

Cymbidium

Cymbidium – die Kahnlippe

Die meisten im Handel angebotenen Cymbidien sind eigentlich als Zimmerpflanzen zu groß, werden wegen ihrer imposanten Rispe aber trotzdem gerne gekauft. Allerdings klappt es nicht immer auch mit einer neuen Blüte. Wachsender Beliebtheit erfreuen sich kleine und kleinblütige Sorten, die nicht nur besser ins Zimmer passen, sondern auch leichter wieder blühen. (Ursprünglich wurden die großblumigen Sorten auch nur als Schnittblumen kultiviert.)

Die wichtigsten Vorfahren stammen aus Birma, Thailand, Indien, Nepal, Vietnam, Indonesien und Australien, wo sie auf unterschiedlichen Höhen (Temperaturen) epiphytisch oder (wenige) terrestrisch wachsen. Bei den Chinesen waren sie schon lange vor der Zeitrechnung als Kübelpflanzen bekannt und geschätzt. In dieser Funktion – als Kübelpflanzen – könnten sie auch wieder Bedeutung erlangen.

Bekannt wurden Cymbidien zunächst durch die lange Haltbarkeit der Blüte, die noch geschnitten viele Wochen lang das Auge erfreut. Zu ihrem Erfolg trug auch bei, dass einige der wichtigsten Vorfahren (*Cymbidium lowianum* und *Cymbidium giganteum*) bei uns im Frühjahr blühen, gerade rechtzeitig zum Muttertag! Nachdem ihre Bedeutung als Schnittblumen zurückging, haben geschäftstüchtige Gärtner Cymbidien zu Topforchideen umfunktioniert – leider nicht immer zur bleibenden Freude des Käufers.

▲ **Cymbidium** × **Big Trees** erinnert noch ein wenig an die grün blühenden Eltern wie *Cymbidium lowianum*, die 1877 erstmals in Burma (Myanmar) gefunden wurden. Als Schnittorchideen waren sie viele Jahrzehnte lang die Nummer eins.

► **Cymbidium** × **Nicole's Valentine** gehört zu den Miniatur-Cymbidien, gemeint ist dabei aber nur die Blüte, denn die Pflanzen selbst werden doch recht groß. Begeistern kann man sich für die Vielblütigkeit,

► **Cymbidium** × **Gymer 'Cooksbridge'** ist eine typische Schnittorchidee mit vielen großen Blüten in leuchtender Farbe und mit langer Haltbarkeit im geschnittenen Zustand bzw. noch länger an der Pflanze. Allerdings beanspruchen die viele Blüten auch optimale Kulturbedingungen.

◄ Die hellfarbigen Sorten sind besonders empfindlich gegen Druck und Stoß. Da man aber alle großblumigen Sorten aufbinden muss, hat dies besonders umsichtig zu geschehen. Vorsicht, die Pollenkappen sitzen recht locker. Lösen sie sich, kommt es zur Bestäubung und raschem Verblühen.

◄ Offene und geschlossene Blütenformen sowie groß- und kleinblumige Sorten sind hier vereinigt. Das Farb- und Formenspektrum der Cymbidien ist aber noch viel größer. Die offenen, meist älteren Sorten wirken häufig eleganter und weniger »künstlich«.

Die richtige Pflege

Temperatur, Licht & Luftfeuchtigkeit

▼ Cymbidien gehören zu den »stark zehrenden« Orchideen. Eine entsprechend häufige Düngung ist daher unerlässlich. Dabei unbedingt einen Orchideendünger verwenden.

Cymbidien sind sehr lichthungrig, vertragen aber im Sommer keine direkte Sonne. Im Sommer fühlen sie sich am Tag bei Temperaturen um 30 °C und mehr wohl, wobei das Thermometer nachts ruhig auf 15 °C sinken kann. Im Herbst und Winter sind tagsüber 15–18 °C, nachts 8–10 °C weniger ideal – wobei diese Angaben natürlich auch vom Wachstumszyklus der einzelnen Pflanze (Sorte) abhängen. In jedem Fall brauchen die ausgereiften Triebe eine möglichst große Temperaturdifferenz zwischen Tag und Nacht. Und ebendas ist im Zimmer normalerweise nicht möglich. Außerdem sollte die Luftfeuchtigkeit bei 60–80 % liegen, was im Zimmer ebenfalls schwer zu erreichen ist.

Einige Miniatur-Cymbidien weichen von den oben genannten Bedingungen ab. Leider ist es schwierig, diese zu erkennen. Es gibt nämlich großblättrige Pflanzen mit kleinen Blüten, die wie die »Großen« kultiviert werden (auch wenn sie etwas temperaturtoleranter sind). Die »echten Minis« – in Pflanzen- und Blütengröße – sind freilich attraktive und recht dankbare Topforchideen. Sie entwickeln hängende Rispen, die man auch niemals aufbinden sollte, denn nur so zeigen sie ihre volle Schönheit. Da ihre Vorfahren in tropisch-warmen Regionen zu Hause sind, gehören sie unbedingt ins Zimmer: durchschnittliche Temperatur am Tag 20 °C, nachts nicht unter 17 °C. Man kann sie sogar gut mit Falterorchideen zusammen kultivieren.

Wie soll man gießen?

Wer schnell wächst, braucht ausreichend Wasser und Nährstoffe. Während der Wachstumsperiode sollte deshalb immer kräftig gewässert werden, doch auch sonst darf der Pflanzstoff nie vollständig trocken werden. *Cymbidium* haben nämlich keine Ruhepause wie andere Orchideen. Neue Triebe wachsen bei ihnen parallel mit den Blüten. Wichtig ist nur, dass die Bulben / Triebe wirklich ausreifen. Unreife Bulben werden trotz Nachtabsenkung der Temperatur keine Blüten bringen. Bei den warm wachsenden Sorten ist die Anpassungsfähigkeit besonders groß.

Lüften

Die Gattung benötigt viel Frischluft, wobei die Luftfeuchtigkeit nicht zu niedrig werden darf. Im Freien sollte man um die Pflanze herum morgens durch Sprühen für künstliche »Taubildung«

sorgen. Bei den warm wachsenden Sorten, die ja auch im Zimmer bleiben können, wird im Sommer reichlich gelüftet.

Düngen

Cymbidien, zumindest die großblumigen Sorten, gehören zweifelsfrei zu den stark zehrenden Orchideen. Manchmal wird sogar die Verwendung von Blaukorn empfohlen. So weit sollte man natürlich nicht gehen, aber bei jeder zweiten Gießgabe sollte Dünger dabei sein (oder bei jeder, wenn entsprechend geringer dosiert wird). Dazu wählt man am besten einen Orchideendünger mit hohem Stickstoffanteil. Ab Ende

Juli dann 8 Wochen lang einen normalen Blütendünger (Dosierung mindestens halbieren) verwenden, anschließend normal weiterdüngen. Es wird ganzjährig gedüngt.

Umtopfen & Substrat

Cymbidien mögen stark durchwurzelte Töpfe. Umzutopfen braucht man erst, wenn die Neutriebe über den Topfrand hinauswachsen oder der Topf durch die Wurzelmasse aufplatzt. Das kann gut 2 Jahre dauern. Dann reicht es allerdings nicht mehr, das alte Substrat nur ein wenig zu entfernen, die Pflanze in einen neuen Topf zu setzen und mit neuem Substrat aufzufüllen. Man muss dann schon einen größeren Eingriff vornehmen: Neben der Schere kann schon einmal ein kleines Beil nötig sein, um das dichte Wurzelwerk zu öffnen. Große Pflanzen erfordern Kraft und Geduld, denn natürlich sollte man möglichst wenig Wurzeln zerstören. Beim

Umtopfen können unbelaubte Bulben entfernt und große Pflanzen geteilt werden. Allerdings blühen große Pflanzen leichter und bringen mehr Blüten. 5 Bulben pro Topf sind das Minimum. Der Topf selbst sollte möglichst tief sein (gut geeignet sind Baumschulcontainer) und noch mindestens 2 neuen Jahrestrieben Platz bieten. Eine Zumischung von bis zu 20 % SERAMIS® oder Blähton macht das Substrat strukturstabil. Als Dränage eignet sich besser Blähton statt Styropor. Man kann jede fertige Orchideenerde als Grundmaterial verwenden (oder Substrat Typ C zum Selbermischen, siehe Seite 24). Echte Mini-Cymbidien lassen sich in normaler Orchideenerde, in flachen oder in Ampeltöpfen unterbringen (Substrat Typ A zum Selbermischen, siehe Seite 24). Sie sind schließlich echte Epiphyten. Eine Vermehrung über Rückbulben ist leicht möglich. Dabei von beblätterten Rückbulben die Blätter entfernen oder zumindest einkürzen.

▲ Beim Umtopfen von Cymbidien darf es ruhig etwas »grob« zugehen. Den dicht verfilzten Wurzelballen kann man nur mit »Gewalt« (Messer) teilen. Wichtig: nur strukturstabilen Pflanzstoff verwenden.

Expertentipps

1 Tipps zum Kauf

Neben dem Allgemeinzustand, der bei *Cymbidium* äußerlich meist sehr gut ist, sollte man aus den oben erwähnten Gründen auf früh blühende Sorten achten. Kaufen Sie keine Pflanzen mit Wurzelschäden, also solche, die locker im Topf sitzen oder braune matschige Wurzel zeigen. Und vermeiden Sie Pflanzen, bei denen die Wurzeln schon über den Topfrand »quellen« **1b** oder die Wurzeln den Topf nach oben drücken (es sei denn, Sie wollen sie gleich umtopfen). Bereits verblühte, oder beim Transport beschädigte Blüten erkennt man leicht an der bereits dunkel verfärbten Lippe **1a**. Nicht kaufen!

2 Meine Cymbidie blüht einfach nicht!

Die Antwort auf diese wohl am häufigsten gestellte Frage bei der *Cymbidium*-Kultur ist meist ganz einfach: Weil sie zu warm gehalten wird. Oder, sofern sie in den Garten darf, weil sie Ende September schon wieder eingeräumt wird. Im Wohnzimmer nämlich fehlt schlichtweg die nötige Nachtabsenkung. Es bleibt folglich die Unterbringung im Gewächshaus oder Wintergarten, in hellen, kühlen Fluren, Kellern und Schuppen, wie man es von Kübelpflanzen wie z. B. Fuchsien her kennt. Zeigen sich dort dann Knospen, sollte die Cymbidie bis zur vollen Blüte am kühlen Standort bleiben und erst dann in den warmen Wohnraum geholt werden; sonst besteht die Gefahr, dass die Knospen abfallen. Kann man diese Bedingungen nicht bieten, lieber verzichten! Neutriebe **2a** kann man leicht mit Blütentrieben **2b** verwechseln. Auch ein regennasser Sommer kann übrigens zu einem blütenlosen Jahr führen.

1a

1b

2 a

2 b

3 **Die neue Bulbe ist viel kleiner**

Eigentlich ist es bei Orchideen ein schlechtes
Zeichen, wenn die neue Bulbe kleiner als ihr
Vorgänger heranwächst. Bei *Cymbidium* wird
es sich, zumindest im ersten Jahr nach dem
Kauf, dennoch nicht vermeiden lassen. Denn
die angebotenen »Topf-Cymbidien« sind häufig nichts anderes als geteilte (ausrangierte!)
Schnittsorten. Man kann es leicht daran fest-
stellen, dass die vorherige Bulbe wesentlich
größer ist als die jetzt blühende. Große,
manchmal sogar frei ausgepflanzte Schnitt-
blumensorten werden so zu Topfpflanzen umfunktioniert. Die Kraft der derzeitigen Blüte
stammt noch aus der optimalen Gewächs-
hauskultur, doch im Zimmer oder Wintergarten fehlen den Pflanzen dann die »harte
Droge« Düngung und zusätzliche CO_2-Bega-
sung der Profis. Sie fallen auf »Normalmaß«
zurück. Eine kleine Bulbe ist also kein Grund
zur Besorgnis. Wiederholt es sich allerdings
in den kommenden Jahren, ist falsche Pflege
dafür verantwortlich.

4 **Problem Knospenfall**

Nachdem sich die Knospen zeigen, darf die
Cymbidie nicht zu warm stehen oder großen
Temperaturschwankungen ausgesetzt werden. Sonst besteht die Gefahr, dass Knospen
sich nicht weiterentwickeln und letztlich abfallen. Auch können Transportstress, zu kalte
Temperatur im Verkaufsraum und die Folien-
verpackung als Ursachen in Frage kommen.

5 **Soll man Cymbidien mit anderen
Zimmerpflanzen zusammen halten?**

Für die Kultur auf der Fensterbank sind sie
eigentlich meist zu groß; stattdessen eignen
sie sich für den temperierten bis kalten
Wintergarten oder als Kübelpflanzen.

6 **Was muss man im Gewächshaus
beachten?**

Von der Temperatur her gehören Cymbidien
in das temperierte Gewächshaus – aber
eigentlich auch wieder nicht, denn es kann
nachts ruhig kälter werden. Verbindet man

8

8a

7

den Gewächshausaufenthalt jedoch mit einem Sommerurlaub im Freien (ab Juni), wird man sicher erfolgreich sein. Wichtig sind hohe Luftfeuchtigkeit, ein heller Platz und Luftbewegung. Die Pflanzen dürfen nicht zu dicht stehen, damit sie genügend Licht erhalten. Schutz vor Schnecken bieten und regelmäßig auf Spinnmilben kontrollieren (siehe unter »Schädlinge«).

7 Wenn man auf *Cymbidium* nicht verzichten will

Will man auf *Cymbidium* partout nicht verzichten, kommt es auf die richtige Auswahl an (es gibt ja auch die problemlosen Miniaturformen; siehe Bild). Wählen Sie nur früh blühende Sorten, das sind solche, die ab Oktober bis Dezember ihre Blüten entfalten. Bei ihnen erfolgt die Blüteninduktion ca. 3 Monate vor der Blüte und somit zu einem Zeitpunkt, wo man die Pflanzen noch problemlos im Freien bei »natürlicher« hoher Tages- und niedriger Nachttemperatur halten kann. Bei allen Sorten, die ab Januar bis Mai blühen (»Muttertags-*Cymbidium*«), kann es im Zimmer zu keiner Induktion kommen; eine Chance dazu bestünde nur im Wintergarten oder im Gewächshaus.

8 **Ist ein Sommeraufenthalt im Freien möglich?**

Er ist nicht nur möglich, sondern eigentlich unumgänglich. Geschätzt wird ein heller Standort, wenn man die Pflanzen vorsichtig eingewöhnt, sogar in voller Sonne. Wichtig ist möglichst hohe Luftfeuchtigkeit, wenn nötig erzeugt man morgens »künstlichen Tau« durch Sprühnebel. Vor zu viel Regen und Sonne schützen. Der Aufenthalt im Freien kann bis Oktober ausgedehnt werden, jedoch rechtzeitig vor dem Frost einräumen, sonst kommt es zu irreparablen Frostschäden **8a** ! Zeigen sich bei sehr früh blühenden Sorten schon im Freien die Blütenansätze, sollte man die Pflanzen rechtzeitig an den Ort bringen, wo sie später zur Blüte gelangen sollen. Je früher die Umstellung, desto sicherer ist die Kontinuität der Blütenentwicklung.

9 **Kann man *Cymbidium* aufbinden?**

Bei den großblumigen Sorten, auch wenn sie teilweise epiphytischen Ursprungs sind, verbietet sich das Aufbinden schon durch die Größe. Bei einigen Arten und bei den Miniaturhybriden ist es aber möglich. Gerade bei ihnen zeigt sich die herabhängende Rispe dann in

voller Schönheit. Die Unterlage kann für *Cymbidium* etwas »üppiger« ausfallen. Meist entwickeln sie schnell ausreichend Luftwurzeln (Beispiel: *Cymbidium suave*), um den Pflanzstoff zu besiedeln.

10 **Schädlinge und Schadbilder***

Bei *Cymbidium* sind vor allem zwei Schädlinge häufig: die Schildlaus ㉘, die sich am Blatt und zwischen den Hüllblättern der Bulben versteckt, und die bereits mehrfach erwähnte Spinnmilbe ㉝, ⑮. Regelmäßige Kontrolle der Pflanzen beugt schlimmeren Schäden vor ⑪, ⑮. Weniger oft treten Bakterien und Pilze ⑦, ⑧ auf, manchmal allerdings Wurzelpilze ⑥. Nicht selten, aber schwer erkennbar sind Viren ㊱ sowie Nährstoffmangel oder -überschuss ⑰, ⑱.

11 **Möglichkeiten in Hydro und SERAMIS®**

Beide Kulturformen sind für die Gattung ausgezeichnet geeignet. Allerdings bieten sie nicht wirklich Vorteile, weil das Wässern von *Cymbidium* ohnehin nicht schwierig ist und ein Gießen auf Vorrat schlecht vertragen wird. Die Umstellung erfolgt mit dem Trieb, bei Hydrokultur ist nochmaliges Auswaschen nach ca. 3 Monaten sinnvoll (dicke Wurzeln). Bei SERAMIS® genügend große Töpfe wählen.

---

* Die Ziffern im Kreis beziehen sich auf den Anhang Seite 135 ff.

Paphiopedilum – der Frauenschuh

Der Frauenschuh ist <u>der</u> Klassiker auf der Fensterbank. Schon lange bevor man Falterorchideen kultivierte, stellte diese Gattung beliebte Zimmerorchideen. In gewisser Hinsicht ist der Frauenschuh ja sogar ein »Nachbar«, blüht er doch an manchen Stellen in Deutschland auch heute noch in der Natur (z. B. der Venusschuh *Cypripedium calceolus*). Unsere Zimmerfrauenschuhe stammen jedoch alle aus Asien. Und obwohl die Blütenform ähnlich ist, haben die beiden Gattungen eigentlich nichts miteinander zu tun. Allerdings wachsen auch die Orchideen der Gruppe *Paphiopedilum* an den Naturstandorten ausschließlich terrestrisch. Sie sind also Erdorchideen, die aber immer in einer humosen, lockeren Substratschicht gedeihen, nicht in herkömmlicher Erde.

▲ Nicht alle »Frauenschuhe« stammen aus den Tropen. Auch die Blüten des heimischen ***Cypripedium calceolus*** haben die typische »Schuhform«. Von dieser Art werden inzwischen sogar Gartenhybriden angeboten.

▶ Bei kleinblumigen Sorten entwickeln sich häufig mehr Blüten als bei den großblumigen Züchtungen. Hier eine ältere ***Paphiopedilum insigne*-Hybride.**

▼ *Paphiopedilum* **Maudiae** hat auch ohne Blüten noch einen hohen Zierwert durch die marmorierten Blätter. Diese sehr alte Züchtung aus dem Jahr 1900 hat auch als »alte Dame« nichts von ihrem Charme eingebüßt.

▲ *Paphiopedilum* **Ashburtoniae** wurde schon 1871 in England von Lady Ashburton gezüchtet. Die frühen Kreuzungen haben eine »offene« Blüte. Später bevorzugte man eher die »runden« Formen.

► Gerade großblumige Sorten, die früher nur als Schnittblumen gehandelt wurden, werden heute häufig angeboten. Leider fehlt oft der richtige Sortennamen, sodass man nur von *Paphiopedilum*-**Hybriden** sprechen kann. Ihre Pflege erfordert Geduld, denn die großen Blüten haben eine längere Entwicklungszeit; dafür entschädigen sie mit außergewöhnlicher Haltbarkeit.

▶ *Paphiopedilum* **Deperle** (= *Paphiopedilum delenatii* × *Paphiopedilum primulinum*) wurde 1980 von M. Lecoufle in Paris gezüchtet. Leider wird diese Sorte nicht mehr häufig angeboten.

Frauenschuhe haben keine Luftwurzeln und kein Velamen (oder nur kurzzeitig), sondern entwickeln Wurzelhaare, die die Aufnahmefläche der Wurzel enorm vergrößern – eine optimale Anpassung an das lose Substrat, das die Wurzel nicht fest umschließt.

Die Gattung *Paphiopedilum,* aus der unsere Zimmerorchideen stammen, ist nahe verwandt mit den Gattungen *Cypripedium, Phragmipedium* und *Selenipedium.* Gemeinsam ist allen die schuhförmige Lippe der Blüte. *Paphiopedilum* ist auf die tropische Regionen Asiens beschränkt (darunter Nepal, Indien, China, Vietnam, Laos, Indonesien und die Philippinen). *Cypripedium,* bei uns inzwischen auch manchmal als Gartenorchidee angeboten, kommen in Europa, Asien, Nord- und Südamerika vor, *Selenipedium* und *Phragmipedium* ausschließlich in Südamerika. Die letztgenannte Gattung spielt auch bei den Zimmerorchideen zunehmend eine Rolle; besonders beliebt ist *Phragmipedium bessae* wegen seiner auffällig roten Blüte. Sicher sind rote Frauenschuhe bald keine Seltenheit mehr.

▼ Eine andere Auslese aus der Kreuzung *Paphiopedilum delenatii* × *Paphiopedilum primulinum.* Auffällig ist das dunkelgrüne marmorierte Laub.

▼ *Paphiopedilum haynaldianum* **var. album** ist eine botanische Rarität, die man selten zu sehen bekommt, die sich aber in manchen Züchtungen wiedererkennen lässt. Ihre Heimat ist die philippinische Hauptinsel Luzon.

◄ Wieder eine mehr-
blütige, jedoch klein-
blütigere Sorte, eine
Kreuzung mit
Paphiopedilum
glaucophyllum.
Anders als bei ähn-
lichen Hybriden der
Art, die meist nach-
einander aufblühen,
entwickelt sich hier
die ganze Blütenrispe
gleichzeitig.

◄ *Paphiopedilum*
Lebaudyanum
(= *Paphiopedilum hay-*
naldianum × *P. philip-*
pinense). An einer
Pflanze dieser Sorte
können die Blüten-
rispen bis zu 100 cm
lang werden – eine
kleine Sensation in
jeder Orchideen-
sammlung.

▲ *Paphiopedilum curtisii* × **Ida Brandt**
ist eine mehrblütige Sorte. Früher eher selten, werden sie oder ähnliche Sorten heute
häufiger angeboten, meist als große Pflanzen.

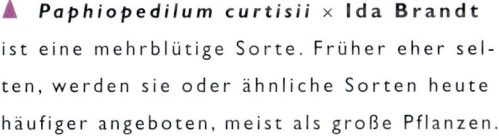

▼ Ein Frauenschuh
in der Trendfarbe
2004. Letztlich finden
sich bei Orchideen
alle Modefarben
wieder.

Die richtige Pflege

Temperatur, Licht & Luftfeuchtigkeit
(Die folgenden Angaben gelten nur für *Paphio-pedilum*). Die verbreitete Meinung, dass Frauen-schuhe mit marmorierten Blättern warme Standorte bevorzugen und die rein grünen, meist schmalblätterigen Sorten lieber kühl stehen, trifft bei Kreuzungen nicht immer zu, kann aber als Faustregel dienen.
Tatsächlich brauchen die marmorierten Arten und Hybriden durchgängig warme Bedingungen, im Sommer 20–25 °C, im Winter 17–22 °C. Die rein grünlaubigen Arten mit schmalen Blättern mögen es eher temperiert, im Sommer am Tag 20–22 °C, nachts 19–17 °C, und im Winter am Tag 18–20 °C und nachts 16–13 °C. Die Absenkung der Temperatur ist dabei nach Abschluss des Wachstums für die Blütenbildung wichtig.
Des Weiteren gibt es mehrblütige Arten für warm-temperierte Bedingungen: im Sommer 20–23 °C, im Winter 18–22 °C. Dazu kommen (wohl die Mehrzahl) die meist großblütigen Züchtungen mit rein grünen breiten Blättern. Sie sind für die normalen Wohnungsverhältnisse bestens geeignet und fühlen sich im Sommer bei 18–25 °C, im Winter bei 16–20 °C wohl. Auch in puncto Licht unterscheiden sich die

Ansprüche: Gefleckt laubige und mehrblütige Arten stehen lieber hell, aber immer ohne di-rekte Sonne (halbschattig), grünblättrige Arten sogar schattig, sind also auch für ein Nordfens-ter geeignet. Alle Arten bevorzugen hohe Luftfeuchtigkeit, die im Zimmer ohne Fenster-schalen nicht möglich ist: Unter 50 % sollte die Luftfeuchte niemals sinken, mehr ist besser.

Ruhezeit
Eine Absenkung der Temperatur, vor allem in der Nacht, ist nach Abschluss des Wachstums nur bei den immer warm gehaltenen Sorten für die Blütenbildung wichtig. Die anderen kennen keine echte Ruhephase.

Wie soll man gießen?
Das Erfolgsrezept ist relativ einfach: Viel Was-ser, aber richtig angeboten, und das Substrat im-mer wieder abtrocknen lassen, ohne dass es vollständig austrocknet. In der lichtarmen Zeit muss man noch vorsichtiger gießen, da Frauen-schuhe bei Staunässe leicht von Pilzen (Blatt-flecken, Fäulnis) befallen werden. Es darf kein Wasser in den Blattachseln und im Zentrum stehen bleiben, auch nicht beim Besprühen, das im Übrigen nur an sehr warmen Tagen mit niedriger Luftfeuchtigkeit nötig ist. Um Versalzung im Substrat zu verhindern, spült man die Töpfe hin und wieder mit reinem Wasser durch.

Lüften
Starke Luftzirkulation ist bei der erforderlichen hohen Luftfeuchtigkeit der beste Schutz vor Bakterien und Pilzen. Die Orchideen aber immer vor kalter Luft schützen. Am Zimmerfenster reicht dazu eine vor den Pflanzen aufgespannte Folie.

► Eine relativ kleine Frauenschuh-pflanze, deutlich erkennbar der neue Trieb im Zentrum der Pflanze. Nur er bringt die neue Blüte.

TIPP **Ein etwas anderer Frauen-schuh**

Phragmipedium **Don Wimber (=** *Phragmipe-dium* **Eric Young × *P. besseae*) hat Vorfahren aus Mittel- und Südamerika. Es sind meist große Pflanzen, und bis auf *Phragmipedium besseae* sind ihre Blüten ausgesprochen lange haltbar: Die Blühzeit beträgt 3 bis 4 Monate, bei manchen sogar bis 11 Mona-te, wobei sich die Blüten nacheinander öff-nen. Sie leben terrestrisch in einer sehr feuchten, luftigen Umgebung. Entsprechend muss auch die Kultur sein: temperiert bis mäßig warm, am Tag 16–28 °C, nachts auf 15–20 °C abfallend. Lediglich *Phragmipedium besseae* und ihre Hybriden vertragen keine zu hohen Temperaturen und gedeihen auch noch am Nordfenster. Diese besonders schöne Art besitzt auffallende, kräftig rote samtige Blüten (eine neue Farbe beim Frauenschuh). Besonders die Nachkommen lassen sich leicht kultivieren. Das Substrat darf nie austrocknen, und auch die Luft-feuchtigkeit muss recht hoch sein, opti-mal bei 60 bis 80 % – Blattunterseiten und Substratoberfläche täglich mehrfach über-sprühen. Da sie keine Ruhezeit haben, ist auch der Nährstoffbedarf ganzjährig, und man muss, natürlich an das Wachstum angepasst, bei jeder 3. Gießgabe einen Orchideendünger anwenden. Neben Pilzen ⑥–⑧ auf Schildläuse achten ㉘ (siehe Seite 135ff.).**

Düngen

Angaben zur Düngung von Frauenschuhen rei-chen von »niemals« bis zu »bei jedem Gießen«. Man weiß, dass Frauenschuhe außerordentlich empfindlich auf Salzrückstände im Substrat reagieren, besonders dann, wenn sie zudem trocken werden. Die Salze schädigen die Wur-zelhaare unmittelbar. Doch ohne Düngung geht es auch nicht. Ein Teil der Nährstoffe kann aus dem Substrat kommen, z. B. Buchenlaub; außer-dem liefert die Rinde Nährstoffe. Wichtig ist auch die Unterscheidung, ob man eine kleine Art oder eine große Hybride zu versorgen hat. Riesige Blüten oder mehrblütige Rispen kann man nicht ohne Dünger erhalten. Düngt man nicht das ganze Jahr, sollte man die Dünger-gaben im Wachstum bei jedem 3. Gießen an-setzen. Für Hybriden verwendet man die vom Hersteller angegebene Dosierung, für Natur-formen und kleine Pflanzen noch einmal um die Hälfte reduziert.

Umtopfen & Substrat

Natürlich kann man auch Frauenschuhe vegeta-tiv vermehren, aber eigentlich nicht teilen. Dies gelingt nur dann, wenn sie quasi von selbst aus-einander fallen (also nicht reißen, schneiden oder brechen). Dabei ist es wichtig, den richti-gen Zeitpunkt nicht zu verpassen. *Paphiopedilum* bilden nämlich nur einmal in der Vegetationszeit neue Wurzeln, die sich mit dem Neutrieb zei-gen. Wichtig ist eine Dränage im Topfboden. Für Frauenschuhe sollte feineres Substrat An-wendung finden (eventuell aus dem Substrat absieben). Bei Fertigerden kann man neben halb verrottetem Buchenlaub Sphagnum-Moos beimischen (auch getrocknet im Baumarkt als Pflanzmaterial für Hängegitterkörbe erhältlich). Zum Selbermischen verwendet man Substrat Typ C (siehe Seite 24).
Als Erstes wird der alte Pflanzstoff vollständig aus dem Substrat gelöst. Kranke, weiche oder faule Wurzeln unbedingt abschneiden (aber kein quetschender Schnitt). Besonders geeignet sind flache Kunststofftöpfe, natürlich mit Dränage. Die Topfgröße muss der Pflanze angemessen und sollte nicht zu groß sein. Man setzt die Pflanze in die Mitte des Gefäßes (Neutrieb = Pflanzhöhe). Der Pflanzstoff wird nicht festge-drückt, die Oberfläche möglichst mit Moos abgedeckt. Nach dem Umtopfen die ersten 5 Wochen nicht düngen.

Expertentipps

1 Tipps zum Kauf

Kaufen Sie keine Pflanzen mit schlaffen, stumpfen Blättern, auch eine nasse, verdichtete Oberfläche lässt nicht gerade auf gesunde Wurzeln schließen. Aufgeblühten Exemplaren kann man vorsichtig auf den Schuh fühlen; ist er fest, darf man noch mit einer längeren Blütezeit rechnen. Knospige Pflanzen vertragen die Umstellung in der Regel recht gut. Wählen Sie nur Exemplare, die mehrere Triebe im Topf haben. Ein alter und der Blütentrieb lassen nicht auf eine schnelle neue Blüte hoffen.

2 Mein Frauenschuh blüht einfach nicht!

Neben den bekannten Pflegefehlern – vor allem zu viel Wasser – liegt die Ursache häufig in der falschen Kulturtemperatur. Manche *Paphiopedilum*-Arten mögen es eben nicht heiß, und viele der Züchtungen erst

recht nicht. Außerdem kann es bei den groß- und mehrblumigen Hybriden vorkommen, dass sie in 3 Jahren nur 2-mal blühen, also einfach eine sehr lange Entwicklungszeit haben. Zusätzlich werden im Handel Pflanzen angeboten, die, wie bei *Cymbidium,* aus Schnittblumenkulturen stammen, wo sie ausgepflanzt oder in sehr großen Containern wachsen. Nun aufgeteilt, können sie zwar noch einen Trieb und eine Blüte bringen, lassen sich dafür aber bis zur darauf folgenden Blüte mehr als ein Jahr Zeit. In solchen Fällen hilft einfach nur Geduld.

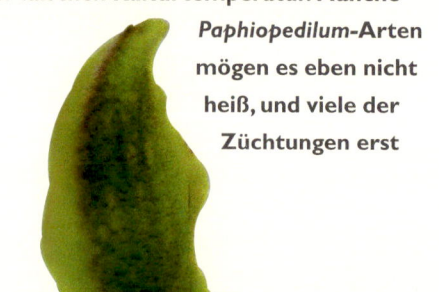

3 Ist ein Sommeraufenthalt im Freien
möglich?
Die grünlaubigen, schmalblättrigen Sorten –
aber nur diese! – kann man von Juni bis August
nach draußen stellen; sie blühen dann besser.
Allerdings muss man sie vor Sonne und Dauerregen schützen.

4 Problem Knospenfall
Wenn Frauenschuhe zu nass gehalten werden,
bleiben die Blütenansätze in der Blütenscheide
stecken. Leider ist dann die Jahresblüte verloren. Nur richtiges Gießen kann das verhindern.

5 Soll man Frauenschuhe mit anderen
Zimmerpflanzen zusammen halten?
Im Zimmer können Blattpflanzen und Orchideen zu einer harmonischen Pflanzengemeinschaft werden. So eignen sich höhere Blattpflanzen dazu, dem Frauenschuh einen na-

türlichen Schatten zu geben. Weiche, große
Blätter, wie z. B. von Blattbegonien, sorgen
zudem für Luftfeuchtigkeit.

6 Was muss man im Gewächshaus
beachten?
Die erfolgreiche Kultur von Frauenschuhen
erfordert einiges an Fingerspitzengefühl.
Zunächst muss man natürlich das richtige
Gewächshaus für die entsprechende *Paphiopedilum*-Gruppe haben, also ein Warmhaus
oder ein temperiertes Haus. Und dann muss
man sich darüber im Klaren sein, dass die
Bedingungen für *Paphiopedilum,* besonders
für die reinen Arten, nicht zu anderen
Orchideen passen. Bei Hybriden ist das natürlich anders. Neben hoher Luftfeuchtigkeit
und dem Lichtangebot kommt es auch im
Gewächshaus auf das Gießen an: nicht zu
viel, und die Pflanzen auf Gittertische stellen,
damit sie niemals nasse, kalte Füße bekommen.

7 Kann man Frauenschuhe aufbinden?
Da (fast) alle Arten terrestrisch wachsen,
kommt ein Aufbinden nicht in Frage.
Auf Ampel- und Schmucktöpfe braucht
man freilich trotzdem nicht verzichten.

Temperatur der Anlass sein. Rötlich gefärbte Blätter (außer bei manchen marmorierten Sorten) deuten auf zu viel Licht – unbedingt schattieren!

9 Schadsymptome
Ein charakteristisches Hell-dunkelbraun-Muster an den Blattspitzen der gerade ausgewachsenen Blätter deutet auf Versalzung oder auf einen zu niedrigen pH-Wert (siehe unten). Leider neigen einige Sorten zu dieser Schädigung, dabei wachsen und blühen die Pflanzen ansonsten normal. Das totale Absterben der Blattspitzen beim Frauenschuh ist meist die Folge von Gießfehlern, entweder zu wenig oder zu viel Wasser.

8 Ein Blatt sagt mehr als viele Worte
Blasse, gelbgrüne oder faltige und trockene Blätter sind meist die Folge von zu viel Licht. Werden ältere Blätter gelb, kann Stickstoffmangel, ein Wurzelschaden oder zu niedrige

10 Kalk macht munter
Dem Substrat der Frauenschuhe sollte (besonders bei den weißen Sorten) regelmäßig,

mindestens alle 12 Wochen, Kalk zugesetzt werden, am besten Muschelkalk oder kohlensaurer Kalk – nicht zu fein, weil Kalk in dieser Form sehr langsam wirkt. Für einen 12-cm-Topf nimmt man 1 Teelöffel Kalk. Diese Maßnahme ist allerdings nur bei Verwendung von weichem Wasser sinnvoll, sonst anpassen.

11 Schädlinge und Schadbilder*

Schon am Pflanzstoff kann man Schädigungen erkennen ①–③, dazu kommen Springschwänze ④ und Trauermücken ⑤, die auch im Zimmer immer mehr zum Problem werden. Hauptfeind sind jedoch Pilzkrankheiten und Bakterien ⑥–⑧. Die Ursache von Wurzelfäule bei *Paphiopedilum* ist nicht immer im Pflanzstoff zu suchen: Auch ein zu großer Topf, schlechte Dränage, zu häufiges und reichliches oder auch unzeitiges Gießen können Wurzelkrankheiten fördern. Lässt man nach jedem Gießen die Töpfe austrocknen, kommt ein Faulen der Wurzeln so leicht nicht vor. Häufig sind im Gewächshaus Schnecken ein Problem ㉚. Virenschäden ㊱ treten eher selten auf. Spinnmilben ⑮, ㉝ deuten auf zu niedrige Luftfeuchtigkeit. Woll- und Schildläuse ㉙, ㉘ verstecken sich gern in den Blattachseln, regelmäßige Kontrolle ist notwendig. Selten findet man an den Knospen auch Weichhautmilben ㉞; in diesem Fall ist unbedingt ein Fachmann zu konsultieren.

12 Möglichkeiten in Hydro und SERAMIS®

Nach *Phalaenopsis* sind Frauenschuhe wohl die beliebtesten Orchideen in Hydro- oder SERAMIS®-Kultur. Durch ihre terrestrische Lebensweise scheinen sie für die Substrate besonders gut geeignet. Da die Frauenschuhwurzeln in Hydro und SERAMIS® die typischen Wurzelhaare verlieren, ist die Umstellung zunächst heikel, und man darf nur wachsende Pflanzen mit neuen Trieben umsetzen. Bevor man diese Orchideen in SERAMIS® oder Blähton pflanzt, soll-

te man gut auswaschen. So werden feiner Staub und Abrieb aus dem Substrat entfernt und es bleibt lockerer, wenn es durchtrocknet. Anders als bei anderen Orchideen kann man bei *Paphiopedilum* das Substrat vollständig entfernen und die Pflanze in reines SERAMIS® setzen. Sind die Pflanzen einmal umgestellt, hat man gewöhnlich viel Freude. Den Wasserstand bei Hydrokultur nie über »Optimal« steigen und immer wieder vollständig abtrocknen lassen, bei SERAMIS® die Pflanzen ebenfalls ruhig trocken werden lassen. Die Restfeuchte im Substrat (Blähton bzw. SERAMIS®) ist immer noch über viele Tage ausreichend. Die Töpfe für SERAMIS® müssen genügend Abflusslöcher haben, damit das Gießwasser vollständig ablaufen kann. Wasser aus dem Übertopf natürlich entfernen.

---

* Die Ziffern im Kreis beziehen sich auf den Anhang Seite 135 ff.

12

Dendrobium

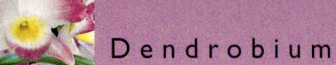

Dendrobium –
die auf den Bäumen leben

▼ Eine reizvolle
Kombination mit
*Dendrobium pha-
laenopsis*-**Züchtun-
gen**. Zur Kultur sind
solche »Schmuck-
schalen« jedoch
eher ungeeignet.

Dendrobium ist eine sehr große Gattung mit vielleicht 1600 Arten, von denen die meisten epiphytisch, einige wenige auch lithophytisch wachsen. Das Verbreitungsgebiet erstreckt sich von Indien
über China, Südostasien und Indonesien bis Australien und Neuseeland. Von kleinen Arten mit nur
winzigen Bulben bis zu solchen mit meterlangen Bulben lassen sich viele verschiedene Pflanzen
in dieser Gattung finden. Bei dem großen Verbreitungsgebiet stammen sie natürlich auch aus verschiedenen Klimabereichen. Allerdings werden im Handel nur wenige Typen angeboten. Orchideen-
gärtnereien offerieren eine größere Auswahl. Das Spektrum der Blütenformen reicht von der
Traube bis zur Rispe und ist fast immer viel-, selten einblütig.

Traubenblütiges Dendrobium

In fast jedem Orchideenbuch findet sich ein Bild der »Spiegelei-Orchidee« *Dendrobium thyrsiflorum,* angeboten wird sie jedoch eher selten. Die Gruppe umfasst noch weitere Arten, viele aus dem eher kühl-warmen Bereich. *D. thyrsiflorum* wächst in Myanmar und Nordthailand unter Monsunklima. Dort unterscheidet man drei Perioden: die kühle Zeit (fast 5 Monate), die heiße Zeit (4 Monate, mit Spitzentemperaturen um die 40 °C) und die Regenzeit (4 Monate), die sich mit der heißen Zeit überschneidet. Etwa vier Fünftel der jährlichen Niederschläge fallen in der Regenzeit.

Die Temperatur sollte in der Wachstums-phase also sehr hoch sein, im Winter mag es die Orchidee sonnig, kühl (bis 12 °C) und trocken. Erst mit den Knospen im März gibt man langsam mehr Wärme. Während des Wachstums, das erst im späten Sommer beginnt, muss dann kräftig gegossen (und auch gedüngt) werden. Bei Triebabschluss kalibetont düngen, in der Ruhezeit dann nicht mehr. Die Wachstumszeit ist eher kurz, aber die Triebe wachsen extrem schnell.

▲ Das Sortenspektrum der typischen warm wachsenden *Dendrobium*-**Hybriden** ist sehr groß, jedoch lassen sich alle unter Beachtung der richtigen Kulturbedingungen leicht pflegen.

◄ *Dendrobium* 'Stardust', eine *Dendrobium nobile*-Hybride mit eigentlich »kühlen« Vorfahren, jedoch erstaunlich anpassungsfähig.

103

Die richtige Pflege

▶ **Dendrobium nobile-Hybriden** werden zwar kühl kultiviert, ihre Blütenfarben sind aber meist eher bei den warmen Tönen zu finden, bis auf strahlendes Weiß.

Temperatur, Licht & Luftfeuchtigkeit

Grob gesagt kann man *Dendrobium,* was die Pflege angeht, in zwei Hauptgruppen einteilen (davon abweichende Bedingungen in der Literatur nachlesen oder über das Internet in Erfahrung bringen). Die erste Gruppe verlangt kühle Temperaturen mit viel Licht, was in manchen Wohnungen sicher eher schwierig ist. Die zweite Gruppe gedeiht bei Wärme; sie mag es ebenfalls hell, aber mit hoher Luftfeuchtigkeit. Beide vertragen von April bis August keine direkte Mittagssonne, also unbedingt schattieren. (Rotfärbung der Blätter ist ein Hinweis auf zu viel Licht, kann aber auch die Folge einer Wurzelschädigung sein.) Im Herbst und Winter stellt man sie so hell wie möglich, das fördert den Blütenansatz.

Die »Kühlen« bevorzugen von Frühjahr bis Herbst tagsüber 20–25 °C, im Winter – meist ist das die Ruhezeit – ca. 14 °C. Nachts ist eine Abkühlung um noch einmal bis zu ca. 5 °C erwünscht, es kann sogar bis an die Frostgrenze gehen. Viele der »kühlen« *Dendrobium* werfen am Ende der Vegetationsperiode die Blätter ab.

Die kühle Überwinterung setzt sparsame Wassergaben voraus (höchstens einmal sprühen, nicht gießen!). Bei zu warmer Überwinterung werden oft in der kommenden Vegetationsperiode keine Blüten gebildet. Die »Warmen« mögen 25 °C, und das ganzjährig, in der Nacht nur geringfügig darunter.

Hohe Luftfeuchtigkeit ist für beide notwendig, wobei die warm wachsenden noch mehr darauf angewiesen sind.

Wie soll man gießen?

Während der Wachstumszeit sollte man reichlich gießen, zwischendurch muss der Pflanzstoff aber immer wieder abtrocknen, da sonst die Wurzeln faulen. Die Wachstumszeit beginnt mit verstärkter Wurzelbildung. An warmen, sonnigen Tagen morgens zusätzlich sprühen. Im Winter und/oder während der Ruhezeit wird nur gerade so viel gegossen, dass der Pflanzstoff nicht völlig austrocknet.

Bei den kühlen *Dendrobium,* meist Kreuzungen der *Dendrobium-nobile*-Gruppe, verläuft die Ruhezeit fast ohne Gießen mit nur gelegentlichem Sprühen. Diese Pflanzen benötigen quasi einen »Schock«, um Blüten anzusetzen: eine starke

▶ Bei *Dendrobium* **De Hinchey** sind die typische Form und Farbe von *Dendrobium phalaenopsis* noch gut erkennbar. Der Name führt manchmal zur Verwechslung mit den Falterorchideen *(Phalaenopsis),* die hiermit aber nichts zu tun haben.

Vanda, Ascocentrum & Co.

Wer diese Orchidee einmal gesehen hat, wird sie nicht so schnell vergessen, denn die *Vanda* ist eine ausgesprochen exklusive Pflanze. Und weil diese herrlichen Orchideen nur sehr langsam wachsen, werden sie wohl auch immer recht exklusiv bleiben. Blaue (blauviolette) Vandeen werden am häufigsten kultiviert. Meist findet man ein strahlendes, kräftiges Blau, das trotzdem filigran, ja fast durchsichtig wirkt. Es gibt Vandeen jedoch auch in Weiß, Gelb, Rosa und Purpur. Bemerkenswert ist die lange Haltbarkeit der Blüte (übrigens auch geschnitten).

Die *Vanda* ist das nationale Blütensymbol von Singapur. Ihre Heimat liegt im tropischen Thailand, im subtropischen Nepal, in Burma, Südchina, Borneo und auf den benachbarten Inseln. Obendrein trifft man sie im Himalaja auf über 2500 m an.

Vanda-Orchideen sind nicht ganz einfach zu pflegen und erfordern viel Aufmerksamkeit. Bei guter Pflege bilden sie jedoch zwei Mal im Jahr Blütentriebe aus. Die Blüten sind langlebig und halten 6 Wochen oder mehr. Pflanzen der Gattung × *Ascocenda* (= *Ascocentrum × Vanda)* sind etwas leichter zu pflegen, weil die meisten Sorten besonders wuchs- und blühfreudig sind.

▲ ***Vanda* Mdm. Rafflaus** × **Pinpinol** × **Gordon Dillon,** eine Kreuzung mit mehreren Beteiligten. Wie alle Vandeen lässt auch sie sich am besten im Holzkörbchen kultivieren.

◄ Da Holzkörbe bei Vanda häufig wenig Substrat haben, kann man sie mit anderen Epiphyten – wie hier Tillandsien – dekorativ ergänzen.

◀ Wieder eine × *Ascocenda*-Hybride (× *Ascocenda* **Udomchai** × *Vanda* **Bangkapi Gold)**. Von diesen Pflanzen werden alle Farben angeboten, ob Weiß, Blau, Rosa oder Lila und eben auch verschiedene Gelbtöne.

◀ Eine × ***Ascocenda,*** in der noch die Naturform der Elternart *Ascocentrum miniatum* zu erkennen ist. Gegenüber dieser trägt sie etwas kleinere, aber viele Blüten, auch verzweigte Rispen sind möglich. Die Kultur ist eigentlich nicht schwierig.

◀ Eine *Vanda*-Hybride, diesmal eine **Kreuzung mit *Vanda* Kultana Gold.** Die Firma »Kultana Orchids« aus Thailand gehört zu den größten Exporteuren von Vandeen und anderen Hybriden nach Europa und in die USA Tipps zur Kultur (auf Englisch) erhält man auch unter www.orchid.in.th.

Die richtige Pflege

Temperatur, Licht & Luftfeuchtigkeit

Die verschiedenen Klimazonen, aus denen diese Gruppe stammt, erfordern auch unterschiedliche Kulturbedingungen. Für kühle Gewächshäuser und Wintergärten sind am ehesten Hybriden von *Vanda coerulea* (blau) und *Vanda/Ascocentrum*-Hybriden (× *Ascocenda*) geeignet. Diese gedeihen auch in einem kühlen, aber hellen Zimmer, im Winter braucht man dann auch nur selten sprühen. Erst mit zunehmender Tageslänge beginnen die Wurzeln wieder zu wachsen – dann wird mehr gesprüht, gedüngt, und auch die Temperaturen können steigen. Im Winter braucht diese Gruppe mindestens 13–15 °C, im Sommer bis 30 °C.

Die »warmen Sorten« benötigen hohe Luftfeuchtigkeit. Gut sind Fensterschalen, Glasvasen oder Aquarien als »Hilfsgewächshaus«.

Allgemein ist die Kultur im Zimmer nicht einfach. Es erhöht den Erfolg, wenn man die Pflanze in ein Gefäß hängen kann. Zumindest das Problem Luftfeuchtigkeit ist dann fast gelöst, wenn man am Gefäßboden eine Schicht aus Blähton oder SERAMIS® mit Wasser auffüllt.

Alle Sorten bevorzugen es möglichst hell, aber ohne direkte Sonne (Süd- und Südwestfenster also unbedingt schattieren). Die warm wachsenden – dazu zählen vor allem die im Handel angebotenen großblütigen Kreuzungen – bleiben ganzjährig im Haus bei mindestens 20 °C. Auch nachts darf die Temperatur nicht weit darunter absinken.

◄ Eine große Glasvase bietet die ideale Umgebung für die empfindlichen Wurzeln der *Vanda* und aller vergleichbaren Kreuzungen. Der Wasservorrat am Boden sorgt stets für die nötige Luftfeuchtigkeit.

etwa 3 Wochen kommen andere Wurzeln an die Reihe. Die Wurzeln müssen zwischendurch nämlich abtrocknen und wieder ihre »Luftwurzelfunktion« wahrnehmen, da sie sonst faulen. Obwohl *Vanda* keine Bulben und somit auch keine ausgeprägte Ruhezeit haben, schränkt man das Gießen im Winter deutlich ein. Diese Orchideen (zumindest die angebotenen warmen Hybriden) wachsen eigentlich ganzjährig; trotzdem sollte man zur Blütenbildung die Temperatur in der Nacht um mindestens 5 °C absenken.

Lüften
Luftbewegung ohne Zugluft ist Voraussetzung für den Erfolg in der Kultur. Kalte Luft an undichten Fenstern oder im Gewächshaus verursacht Wachstumsstörungen.

Düngen
Gedüngt wird grundsätzlich mäßig, am besten bei jedem Gießen in schwacher Konzentration (auch Orchideendünger noch einmal um die Hälfte der vom Hersteller empfohlenen Menge reduzieren). Gut geeignet für *Vanda* sind »organische« Flüssigdünger, wie sie im Handel angeboten werden. Auch Eigenmischungen mit Jauchen haben sich bewährt. Während der Blütenentwicklung darf etwas stärker gedüngt werden.

Umtopfen & Substrat
Umtopfen ist eher selten angesagt. Nur wenn unbedingt nötig, werden diese Orchideen in einen neuen (Holz-)Korb gepflanzt, denn die dicken, meist sehr langen Luftwurzeln sind kaum in normalen Topfgefäßen unterzubringen. Dabei kann man den »alten« Korb ruhig einfach mit in das neue Gefäß setzen. Verwenden Sie nur grobe Pflanzstoffbestandteile: Rinden-, Kork-, Holzkohle- oder Kokosstücke. Ebenfalls geeignet ist eine Mischung aus Kiefernrinde, Torf und Styroporflocken mit einem Zusatz von Holzkohlestücken. Überwachsende Luftwurzeln auf keinen Fall abschneiden, sondern vorsichtig integrieren oder am Gefäß vorbeiführen.

TIPP **Die Anzucht bzw. Kultur der Vandeen ist auch in europäischen Gärtnereien erfolgreich. Solche Pflanzen sind dann meist »robuster« als direkte Importe. Übrigens: Auch Vandeen bilden Kindel, meist am Grund der Pflanze. Ein Kindel kann entfernt werden, wenn seine Wurzeln etwa 8 bis 10 cm lang sind. Dies erfordert noch mehr Sorgfalt als bei anderen Orchideen, damit die Mutterpflanze nicht beschädigt wird. Wie immer sollte man scharfe, sterile (z. B. zuvor in einer Flamme sterilisieren) Werkzeuge verwenden und die Schnittstelle mit Holzkohlepuder abdecken.**

Gießen ohne Substrat
Vanda werden oft im Holzkorb mit wenig Pflanzstoff angeboten, nur manchmal gibt es ein paar Holzkohle- oder Kokosstückchen. Wie kann man sie trotzdem ausreichend gießen? Wichtig ist vor allem häufiges Sprühen. Zusätzlich werden die Pflanzen ganz (samt Gefäß/Korb und Wurzeln) mindestens einmal in der Woche in Wasser getaucht. Dieses muss warm sein, und man sollte sehr vorsichtig vorgehen, damit die Wurzeln nicht brechen. Gleichzeitig heißt es aufpassen, dass kein Wasser in den Blattachseln verbleibt, sonst faulen die Pflanzen.
Kann oder will man Vandeen nicht tauchen, gibt es eine einfache Alternative: Man versorgt – immer im Wechsel – einige Wurzeln direkt über Wasserröhrchen, wie sie zum Transport der Schnittorchideen üblich sind. Nach jeweils

▼ Über solche Schnittblumenröhrchen kann man die *Vanda*-Wurzeln zeitweise gezielt ernähren. Dabei aber immer nur etwa 10% der gesunden Wurzeln über Röhrchen versorgen.

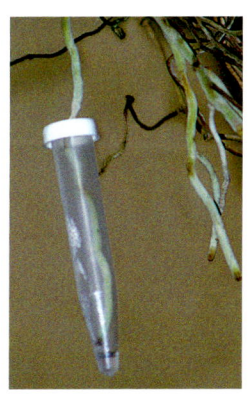

Expertentipps

1 **Tipps zum Kauf**

Lassen Sie sich nicht durch die schönen Blüten verführen: Kaufen Sie diese Orchidee nur, wenn Sie wirklich bereit sind, den Mehraufwand für die Pflege aufzubringen. Bei der Auswahl ist es wichtig, auf gesunde Wurzeln zu achten. Und nicht zu knospig sollte die Pflanze sein, obwohl die Blüten schon einiges vertragen. Schauen Sie auch nach Schädlingen, denn Schildläuse sind weit verbreitet.

2 **Meine *Vanda* blüht einfach nicht!**

Wenn Vandeen oder *Ascocentrum* keine Blüten entwickeln, ist in der Regel der schlechte Allgemeinzustand der Pflanzen verantwortlich. Hier hilft nur eine Veränderung der Kulturbedingungen. Bei kräftigen Pflanzen, die nicht blühen wollen, kann die Absenkung der Temperatur um ca. 5 °C zum Erfolg führen.

3 **Soll man *Vanda* mit anderen Zimmerpflanzen zusammen halten?**

Vandeen sind schon ein wenig »eigen« und verlangen auch ihre »eigene« Umgebung (Glasgefäß). Eine Nachbarschaft mit Zimmerpflanzen reicht für die notwendige Luftfeuchtigkeit nicht aus.

4 **Ist ein Sommeraufenthalt im Freien möglich?**

Sinnvoll ist eine »Sommerfrische« nur für die aus kühleren Gebieten stammenden Arten. Sie müssen langsam an das Licht gewöhnt werden, vertragen aber schließlich sogar pralle Sonne. Vor Dauerregen und nasskalter Witterung brauchen sie Schutz, und man muss sie auch rechtzeitig im September wieder einräumen.

5 **Was muss man im Gewächshaus beachten?**

Bietet das Gewächshaus die richtige Temperatur (Warmhaus oder temperiertes Haus, je nach Art oder Sorte), ist die Pflege hier natürlich viel einfacher. Licht und Luftfeuchtigkeit bereiten kaum Probleme. Wenn nicht gelüftet werden kann, ist »künstliche« Luftbewegung wichtig. Schattierung wird meist erst ab Mai notwendig und sollte rechtzeitig wieder ent-

2

fernt werden, denn Licht ist Kulturfaktor Nummer eins für diese Gruppe.
Vanda coerulea und ihre Hybriden brauchen eine kühle, trockene Ruhezeit im Winter. Sie beginnt, wenn die Wurzelspitzen und der Trieb ihr Wachstum einstellen. Diese Pflanzen benötigen auch nicht so viel Licht wie andere Vandeen aus den feuchtheißen Tropen.

6 Kann man *Vanda* aufbinden?

Selbstverständlich kann man Vandeen auch an ein Holzstück oder an Korkeichenrinde montieren. Für den langen Stamm sollte man ein längliches, eher schmales Stück verwenden und die Pflanze mehrfach daran mit weichem Bindematerial (Nylonstrumpf) fixieren. Es ist kein oder wenig Pflanzstoff notwendig, besser eignet sich Moos.

7 Kopfstecklinge

Oft ist bei *Vanda* die Bildung von Wurzeln im oberen Drittel der Pflanze zu beobachten. Zusätzlich lässt sich die Wurzelbildung durch das Anbringen von Moos fördern, das immer feucht gehalten werden muss. Sind schließlich genügend Wurzeln vorhanden, wird der Kopfsteckling von der Mutterpflanze getrennt und kann allein weiterwachsen (aufbinden oder in einen Korb pflanzen).

8 Schädlinge und Schadbilder*

Der häufigste (eigentlich vermeidbare) Fehler ist mangelnde Luftfeuchtigkeit. Die Folge sind Schäden an Wurzeln, und letztlich vertrocknet dann die ganze Pflanze. Daneben muss man auf Schild- und Wollläuse ㉘, ㉙ sowie Spinnmilben ⑮, ㉝ achten. Leider kommt es nicht selten zum Abwerfen der etwa erbsengroßen Knospen; daran sind allerdings häufig mehrere Ursachen schuld ㉔. Bei Transport in einer Folientüte stellt sich manchmal Befall mit Botrytis an den Blüten ein ㉕, wobei der Schaden erst zu Hause sichtbar wird.

9 Möglichkeiten in Hydro und SERAMIS®

Diese Orchideen sollte man besser nicht in Hydro oder gar SERAMIS® kultivieren. Allerdings kann man beobachten, dass Wurzeln von Vandeen in die Blähton- oder SERAMIS®-Schicht des Gefäßes (Glasvase, Aquarium) einwachsen und dort auch weiter wachsen.

---

* Die Ziffern im Kreis beziehen sich auf den Anhang Seite 135 ff.

6

Zygopetalum

Zygopetalum – die Duftorchidee

Diese Orchideen sind in Südamerika beheimatet, wo es etwa 40 Arten gibt. Bei den im Handel angebotenen Sorten ist die blaue Farbe in der Blüte besonders reizvoll, dazu kommt ein starker, an Hyazinthen erinnernder Duft. Alle *Zygopetalum* wachsen ursprünglich epiphytisch.

► *Zygopetalum* **Louisendorf** (= *Z. fabiosum* × *Z.* Artur Elle), eine schöne neuere Hybride aus Deutschland.

▼ Aus Brasilien stammen die Vorfahren dieser Hybride. Deutlich erkennt man noch den Anteil von *Zygopetalum intermedium.*

▲ *Zygopetalum* **Artur Elle 'Bright and Blue',** eine Selektion der wohl ersten erfolgreichen Topfpflanze dieser Gattung.

Epidendrum

Der Gattungsname *Epidendrum* stammt aus dem Griechischen und bedeutet »auf Bäumen wachsend«. Mit *Epidendrum* verwandt ist **Encyclia.** Dieser Name, ebenfalls aus dem Griechischen, heißt so viel wie »Umklammerung« und bezieht sich auf die Art und Weise, wie Lippe und Säule der Blüte miteinander verwachsen sind. Beide Gattungen erreichen stattliche Größe. Allerdings sind im »normalen« Handel nur wenige Pflanzen erhältlich (deutlich mehr Auswahl hat man bei Orchideengärtnern); bei *Epidendrum* handelt es sich dabei vor allem um Züchtungen aus *Epidendrum radicans,* auch bekannt als *E. ibaguense.* Ein Züchtungsname hat sich für diese Gruppe als Bezeichnung durchgesetzt: **Ballerina-Orchideen.** Während die Art selbst sehr lange (bis über 1 m) Bulben besitzt, sind die Züchtungen recht kompakt; doch auch sie werden immer noch bis 60 cm hoch. Bekannt sind *Epidendrum* Ballerina Purple (violett), Snow (weiß), Tropical (gelb, mit einem Stich Orange), Fireball (rot/orange), Tiffany (rötlich) und Yellow (gelb). Diese Hybriden bilden Bulben mit lederartig glänzenden Blättern in 2 Reihen und blühen – viele Wochen lang! – an kompakten Trauben mit einem Stiel von maximal 40 cm.

Aus der Gattung *Encyclia* ist eigentlich nur *E. cochleata* im Handel, eine Naturform aus Südamerika, die auch als Topfpflanze mit einer ungewöhnlich langen Blütezeit erfreut. Übrigens zählte diese Art früher auch zur Gattung *Epidendrum;* in alten Orchideenbüchern findet man sie deshalb unter diesem Namen.

▶ *Epidendrum* **Ballerina Yellow** (links) und diese ebenfalls zu *Epidendrum radicans* zählende Art (rechts) zeigen die mögliche Vielfalt innerhalb dieser weit verbreiteten Art.

Die richtige Pflege

Temperatur, Licht & Luftfeuchtigkeit

Epidendrum und *Encyclia* sind für die normale Zimmertemperatur bestens geeignet und fühlen sich im Sommer bei tagsüber 18–25 C°, nachts um 15 C° wohl. Im Winter können es einige Grad weniger sein. Insgesamt sind beide Gattungen sehr anpassungsfähig und haben mittleren Lichtbedarf. Auch in puncto Luftfeuchtigkeit stellen sie keine hohen Ansprüche.

Wie soll man gießen?

Sofern man die Wachstums- und die sehr kurze Ruhephase beachtet, macht das Gießen eigentlich kaum Probleme. Diese Orchideen brauchen weniger Wasser, als man vermutet, sollen aber auch nicht völlig trocken werden.

Lüften

Da *Epidendrum* und *Encyclia* wirklich unempfindlich sind, ist reichlich Frischluft (auch noch bei Temperaturen von wenigen Grad über null) nur von Vorteil und kann Pilzerkrankungen vorbeugen.

Düngen

Bei Verwendung von Orchideendüngern sollte man bei jeder 3. Gießgabe Dünger geben. Gegen Ende der Wachstumsperiode zusätzlich einen Blütendünger einsetzen, die Dosierungsangaben des Herstellers jedoch mindestens um die Hälfte reduzieren.

Umtopfen & Substrat

Verwenden Sie für diese Gattungen nicht zu große Gefäße; besser ist häufigeres Umtopfen. Eine Teilung ist leicht möglich: einfach die Pflanze in 2 oder entsprechend mehr Teile zerschneiden

Duftorchideen
Nicht nur das hier abgebildete *Epidendrum Green Hornet* (= *E. lancifolium* × *E. cochleatum*), sondern viele Epidendren zählen zu den Duftorchideen. Solche Duftorchideen kann man mit der Nase in fast allen Gattungen finden. Im Handel sind dies derzeit *Oncidium ornithorhynchum* und dessen Hybriden, × *Miltonidium* 'Hawaiin Sunset', *Miltonia* in vielen Sorten, *Phalaenopsis* 'Liodoro' und weitere Sorten sowie alle *Zygopetalum*.

(nicht reißen, da die Bulben schnell abbrechen). Als Substrat eignet sich jede Orchideenerde (zum Selbermischen Typ A verwenden, siehe Seite 24). Bei *Encyclia cochleata* sollten zwei neue ausgewachsene Bulben im Gefäß Platz finden.

◄ *Epidendrum radicans*-Hybriden sind nicht gerade besonders augenfällig in der Proportion Pflanze zu Blüte. Außerdem neigen sie zur Kindelbildung. Eine Pflanze wie die hier gezeigte muss dringend umtopft werden.

Expertentipps

1 Tipps zum Kauf

Diese Orchideen werden häufig in Baumärkten oder einer »Schnäppchenecke« angeboten. Wer nicht unbedingt eine bestimmte Sorte (Farbe) sucht, sollte ruhig zugreifen. Die Pflanzen sind so robust, dass sie selbst den »Baumarkt« meist schadlos überstehen.

2 Blütenbildung und Kindel

Die kleinen, nur ca. 2 cm großen Einzelblüten, die sich in Dolden auf der Triebspitze entwickeln, erscheinen von März bis November.

Es muss zur Blüte also genügend Licht vorhanden sein. Hauptfehler sind ein zu dunkler Standort und zu viel Wärme. Schneidet man nach der Blüte die Triebspitzen von *Epidendrum* erst ab, wenn sie wirklich abtrocknet sind, bilden sich häufig Kindel (Ableger). Diese können abgetrennt und eingetopft werden. Sie sollten aber nicht zu klein sein und müssen möglichst viele eigene Wurzeln besitzen. Die beste Zeit dafür ist das Frühjahr. Bis auf die Kindelbildung, die bei *Encyclia cochleata* eher selten und meist die Folge eines Pflegefehlers ist (zu viel Wasser, keine Ruhezeit), lässt sich die Pflege beider Gattungen vergleichen. Allerdings sollte man bei *Encyclia* die Ruhezeit deutlicher beachten.

3 Ist ein Sommeraufenthalt im Freien möglich?

Der Aufenthalt von Mitte Mai bis Mitte September an einem halbschattigen Platz im Garten oder auf dem Balkon ist zu empfehlen.

4 Schädlinge und Schadbilder*

Vor allem Schild- und Wollläuse ㉘, ㉙, seltener auch Spinnmilben ⑮, ㉝ zählen zu den tierlichen Schädigern. Pilzkrankheiten und Bakterien ⑥–⑧ treten eigentlich nur nach groben Pflegefehlern auf.

5 Möglichkeiten in Hydro und SERAMIS®

Beide Pflanzen sind für die Hydro- und SERAMIS®-Kultur geeignet und lassen sich ohne Probleme mit Beginn des Wachstums umstellen. Beide verlangen dann aber eine deutliche Ruhezeit.

---

* Die Ziffern im Kreis beziehen sich auf den Anhang Seite 135ff.

Calanthe

Die Heimat dieser schönen, meist terrestrisch wachsenden Orchideen ist vorwiegend Asien; nur wenige der fast 150 Arten sind auch in Südamerika verbreitet. Meist werden Arten mit Laub abwerfenden Blättern angeboten.
Es gibt aber durchaus immergrüne. Der Name kommt aus dem griechischen kalos für »schön, reizend« und anthe für »Blüte«. Wenn man die Blüten sieht, kann man das leicht verstehen.

► *Calanthe vestita* war früher eine beliebte, sehr lange haltbare Schnittblume. Heute wird sie eher als Topfpflanze angeboten.

▼ *Calanthe* **Hexem Gem** ist wie die anderen Calanthen zu pflegen, jedoch werden die Pflanzen recht groß.

◄ *Calanthe* Sedenii **'Harrisii'** hat im Stammbaum die Art *C. Veitchii (= C. rosea × vestita)*, die schon 1860 als erste Kreuzung einer Orchidee überhaupt in England gezüchtet wurde und seit 1878 im Handel ist.

Die richtige Pflege

▶ **Calanthe triplic-tra** kann als Pflanze bis zu einen Meter hoch werden. Sie ist vielblütig, immergrün und hat ein großes Verbreitungsgebiet.

Temperatur, Licht & Luftfeuchtigkeit

Calanthe brauchen viel Wärme (rund 20 °C), Halbschatten und hohe Luftfeuchtigkeit. Erst nach dem Abfall der Blätter können sie kühler und völlig trocken gehalten werden.

Wie soll man gießen?

Beim Wachsen wird viel Wasser benötigt, es darf jedoch keine Staunässe vorkommen. Gegen Ende des Wachstums – erkennbar an der prallen, meist größeren Bulbe – und während der Blüte schränkt man die Gießmenge deutlich ein. Die Bulben dürfen trotzdem nicht schrumpfen. Erst nach der Blüte wird gar nicht mehr gegossen. Man kann die Pflanze dann sogar austopfen und völlig trocken in Papier eingeschlagen lagern. Allerdings muss man ein wachsames Auge haben, wenn der Neutrieb den Neuanfang signalisiert. Dann entweder neu eintopfen und/oder nur die Wassergaben langsam erhöhen. Neutriebe faulen leicht.

Düngen

Calanthen sind ausgesprochene Starkzehrer unter den Orchideen, müssen sie doch in relativ

▶ Neben der bereits blattlosen Bulbe dieser *Calanthe* (links) kann man den Blütenstiel erkennen. Auf der rechten Bulbe sitzt noch das »trockene« Blatt der letzten Saison.

kurzer Zeit eine Bulbe, Blätter und die Blüte entwickeln. Zu Beginn der Wachstumsphase sollte man darum bei jeder 2. Gießgabe mit Orchideendünger in der vom Hersteller genannten Konzentration düngen, ab Juni bei jeder 3. und zum Abschluss mit einem um die Hälfte reduzierten Blütendünger. Wird zu wenig gedüngt, bleiben die Neutriebe klein, die Pflanze kann nicht blühen.

Sobald die Blätter gelb werden, ist das Düngen einzustellen. Werden Calanthen trockener gehalten, reift der Trieb und es bildet sich die Blüte. Übrigens werden die Blätter vollständig abgestoßen. Die eigentliche totale Ruhezeit beginnt freilich erst mit dem Ende der Blütezeit, die von November bis Januar dauert. Calanthen werden darum gern als Weihnachtsorchideen angeboten.

Umtopfen & Substrat

Eigentlich sollte man *Calanthe* jährlich in nährstoffreiches Substrat, aber kleine Gefäße umtopfen. Dabei aber unbedingt bis zum neuen Trieb warten und vorsichtig arbeiten, denn die kleinen Triebe brechen sehr leicht. Keine Dränage. Geeignet ist jede Orchideenerde, die man zu 1/3 mit normaler Blumenerde mischt (Substrat zum Selbermischen Typ C, siehe Seite 24).

Expertentipps

1 Tipps zum Kauf

Die Möglichkeiten, preiswert eine abgeblühte *Calanthe* zu bekommen, sind recht groß, da nur wenige Verkäufer den Wert ohne Blätter richtig einschätzen. In jedem Fall gilt es auf Pilzkrankheiten zu achten. Pflanzen mit nassfaulen Stellen an der Bulbe nicht kaufen. Trockene Blätter hingegen sind normal.

2 Kindelbildung

Calanthen bilden oben an den Bulben manchmal Kindel. Wenn diese ausreichend groß sind, lassen sie sich leicht entfernen und werden wie die Mutterpflanze behandelt. Am Blüten-

stiel entstehen unterhalb der Blüte leicht schuppenartige, trockene Hüllblättchen. Sie schaden nicht, sehen aber auch nicht gerade schön aus, und man kann sie guten Gewissens entfernen.

3 Soll man *Calanthe* mit anderen Zimmerpflanzen zusammen halten?

Manchmal werden Calanthen zusammen mit einem Farn im Topf angeboten. Dies soll die zur Blütezeit »nackte« Bulbe kaschieren, bereitet aber eigentlich nur Probleme. Da beide Pflanzen unterschiedliches Gieß- und Wachstumsverhalten zeigen, ist es besser, den Farn zu entfernen.

4 Ist ein Sommeraufenthalt im Freien möglich?

Wegen der weichen, empfindlichen Blätter sollte man davon Abstand nehmen.

5 Schädlinge und Schadbilder*

Hauptfeind sind Spinnmilben ⑮, ㉝ sowie alle Arten von Pilz- und Bakterienkrankheiten ⑥–⑧; das Abfallen der Blätter am Ende der Vegetationszeit ist normal ⑨.

6 Möglichkeiten in Hydro und SERAMIS®

Die strenge Ruhezeit würde eine Kultur in Hydro oder SERAMIS® erschweren, und das Gießen bereitet ja eigentlich kaum Probleme. Grundsätzlich ist eine Umsetzung aber möglich, da die Pflanzen terrestrisch wachsen. Gut geeignet sind SERAMIS® und feiner Blähton auch als Substratzuschlag in der normalen Kultur.

---

* Die Ziffern im Kreis beziehen sich auf den Anhang Seite 135 ff.

Phaius

Phaius tankervilleae ist eine der eindrucksvollsten exotischen Orchideen, wurde aber lange Zeit kaum noch angeboten. Neben der stattlichen Größe – sie kann mit Blüte stolze 150 cm Höhe erreichen –, die manchen abschreckte, wiesen die kultivierten Pflanzen meist deutlich sichtbare schwarzbraune Blattflecken auf. Wahrscheinlich handelte es sich dabei um ein Virus, das schon in der Natur zu finden ist. Inzwischen ist es gelungen, die Pflanzen virusfrei zu machen, und man findet sie wieder häufiger im Handel. Dazu gibt es heute viele neue Züchtungen.

In der Natur ist die Gattung *Phaius* in Bergwäldern vom tropischen China über ganz Asien bis hin nach Nordostaustralien, Afrika und Madagaskar verbreitet. Die Orchideen sind immergrün und haben große, weiche Blätter.

◄ ▲ Die Farbvielfalt der neuen **Phaius-Hybriden** ist erstaunlich. Auch sind die Pflanzen nicht mehr so riesig, und so werden sie schon bald zu den beliebtesten Orchideen zählen.

Die richtige Pflege

Temperatur, Licht & Luftfeuchtigkeit

Im Sommer wollen *Phaius* schattig, ohne direkte Sonne und warm kultiviert werden, bei möglichst hoher Luftfeuchtigkeit. Im Winter benötigen sie so viel Licht wie möglich. Da die Temperatur nie unter 15 °C sinken darf, sind die Pflanzen ideal für einen bewohnten Wintergarten (Temperatur im Sommer tagsüber 20–28 °C, nachts nur wenig absinkend, im Winter 18–20 °C am Tage und um 15 °C bei Nacht). Am Ende der Vegetationszeit reichen 3 Wochen Trockenheit zur Induktion der Blüte.

Wie soll man gießen?

In der Vegetationszeit, meist von März an, hält man die Pflanzen recht feucht. Dabei dürfen

aber die Blätter nie mit Wasser in Berührung kommen, denn dies führt sehr schnell zu Blattflecken. Unbedingt Staunässe vermeiden. Im Winter wird nur mäßig gegossen.

TIPP **Spathoglottis Caractea®**
Die genannten Pflegehinweise kann man übrigens auch bei der jetzt häufiger im Handel angebotenen *Spathoglottis Caractea®* anwenden, die auch als »Purpurorchidee« bekannt ist. Sie kann zu allen Jahreszeiten blühen, bleibt aber durch ihre immergrünen Blätter auch ohne Blüten attraktiv. Sie mag es warmtemperiert, im Winter bei 18–20 °C, im Sommer bei 20–28 °C. Die Ruhezeit ist nicht ausgeprägt, im Winter einfach etwas kühler stellen. Dabei einen hellen Standort wählen, allerdings ohne direkte Sonne. Die Pflanzen wollen nie ganz austrocknen. Man kann man sie kräftig ernähren; wenn man während der Blüte düngt, verlängert sich die Haltbarkeit der Blüten.

Düngen

Während des Wachstums düngt man bei jeder 2. Gießgabe mit Orchideendünger in der vom Hersteller angegebenen Konzentration. Zum Abschluss der Wachstumszeit, meist ab Oktober, wird dann bis in den Februar hinein bei jeder 3. Gießgabe gedüngt.

Umtopfen / Substrat

Der richtige Zeitpunkt zum Umtopfen ist mit Erscheinen des Neutriebs oder sofort nach der Blüte. Durch Teilung wird die Pflanze zusätzlich zur Blütenbildung angeregt. Gepflanzt wird am besten in hohe Container in jede Art von Orchideenerde (Substrat zum Selbermischen Typ B, siehe Seite 24). Gute Dränage ist wichtig, um Staunässe, die leicht zu Wurzelschäden führt, auszuschließen. Im Wintergarten kann man *Phaius* auch in Grundbeete auspflanzen.

◀ *Phaius tankervilleae* ist mit über einem Meter Höhe eine wirklich eindrucksvolle Pflanze, die nicht nur in die botanischen Sammlungen gehört, sondern vor allem in den Wintergarten.

Expertentipps

1 **Tipps zum Kauf**
Da die Pflanzen schnell recht groß werden, sollte man sich vor dem Kauf überlegen, ob ausreichend Platz zur Verfügung steht. Vorsichtig transportieren, denn *Phaius*-Orchideen sind besonders an den Blüten sehr druckempfindlich. Auf Blattflecken achten **1**.

2 **Ist ein Sommeraufenthalt im Freien möglich?**
Davon ist abzuraten, weil die Wärme nachts meist nicht ausreicht.

3 **Schädlinge und Schadbilder***
Neben Pilz- und Bakterienerkrankungen ⑥–⑧ können Schild- und Wollläuse auftreten ㉘, ㉙, bei geringer Luftfeuchtigkeit auch Spinnmilben ⑮, ㉝. Seltener sind Thripse ㉜ zu finden. Bei großen Pflanzen mit vielen Blättern werden die letztjährigen Blätter manchmal fleckig.

Man kann sie ruhig entfernen oder halbieren (nur mit desinfiziertem sauberem Messer oder Schere arbeiten).

4 **Möglichkeiten in Hydro und SERAMIS®**
Grundsätzlich sind beide Kulturarten gut geeignet, da es sich bei *Phaius* um terrestrische Pflanzen handelt. Dagegen spricht die sehr gegen Nässe empfindliche Wurzel. Gerade die Hybriden der *Phaius humblotii* **4** vertragen Wärme recht gut und sind damit besonders für die Zimmerkultur tauglich. Für *Phaius* gilt, dass der Wasserstand möglichst niedrig eingestellt und für eine ausreichend lange »Trockenphase« gesorgt wird.

---

* Die Ziffern im Kreis beziehen sich auf den Anhang Seite 135 ff.

1

4

Bildnachweis

Alle Bilder von Jörn Pinske, außer:
Becherer: 1, 21, 25ol, 25ur, 26o, 26u, 27, 48, 51or, 54/55, 63r,
   66/67, 74u, 78/79, 81u, 86o, 86u, 110/111, 112l, 133u, 137o,
   138u, 138m, 139u
Bieker: 2/3, 33m, 44/45, 80r, 100/101, 120o
Eisenbeiss: 90o, 105o, 118/119, 129ul
Hagen: 16ur, 32or, 35ul, 58o, 58m, 80l, 91ur, 98u
Henseler: 140o
Krieger: 64u, 139o
Redeleit: 91l, 96r, 99, 113ol
Romeis: 11o, 30/31, 32u, 33u, 34ul, 46o, 46u, 47o, 56l, 56r,
   72, 81m, 81o, 88/89, 92o, 93u, 95, 104o, 113or, 113u,
   124/125
Röth: 10, 13o, 17r, 22r, 23u, 87u, 128, 129o, 133o
Strauß: 6/7, 33o, 36, 37u, 59or, 68, 82, 90u, 102, 103u, 120ul,
   122, 126l
Weigl: 15o, 106u, 108u, 116, 129ur

Layout Konzept Innenteil: fuchs_design, Riemerling

Umschlaggestaltung:
Anja Masuch, Puchheim bei München

Umschlagfotos:
Vorderseite: Ulrike Romeis, Rückseite: Josef Bieker

Bibliografische Information
Der Deutschen Bibliothek

Die Deutsche Bibliothek verzeichnet diese
Publikation in der Deutschen Nationalbibliografie;
detaillierte bibliografische Daten sind im Internet
über http://dnb.ddb.de abrufbar.

BLV Buchverlag GmbH & Co. KG
80797 München

Lektorat: Dr. Thomas Hagen
Herstellung: Hermann Maxant
Layout: Anton Walter, Gundelfingen
DTP: agentur walter, Gundelfingen

Printed and bound in Germany · ISBN 3-405-16845-7